城乡小流域环境综合治理

赵敏慧　马建立　王　泉　张艳兵　赵由才　编著

北　京
冶　金　工　业　出　版　社
2019

内 容 简 介

本书全面系统地阐述了城乡小流域环境综合治理的背景和必要性，国内外小流域综合治理历史沿革及现状、国内外小流域综合治理机制、我国小流域综合治理模式和技术、抚仙湖小流域综合治理案例，以期为城乡小流域环境综合治理提供参考。

本书可供高等学校师生、高中生、职业学校师生、环境工程师、政府和企业技术和管理人员使用或参考。

图书在版编目(CIP)数据

城乡小流域环境综合治理/赵敏慧等编著. —北京：冶金工业出版社，2019. 1

（实用农村环境保护知识丛书）

ISBN 978-7-5024-6439-4

Ⅰ. ①城… Ⅱ. ①赵… Ⅲ. ①城乡一体化—小流域综合治理—研究 Ⅳ. ①X321

中国版本图书馆 CIP 数据核字（2018）第 289455 号

出 版 人 谭学余
地　　址 北京市东城区嵩祝院北巷 39 号 邮编 100009 电话 (010)64027926
网　　址 www.cnmip.com.cn 电子信箱 yjcbs@cnmip.com.cn
责任编辑 杨盈园 美术编辑 彭子赫 版式设计 孙跃红
责任校对 王永欣 责任印制 李玉山
ISBN 978-7-5024-6439-4
冶金工业出版社出版发行；各地新华书店经销；三河市双峰印刷装订有限公司印刷
2019 年 1 月第 1 版，2019 年 1 月第 1 次印刷
169mm×239mm；10. 5 印张；204 千字；156 页
44. 00 元

冶金工业出版社 投稿电话 (010)64027932 投稿信箱 tougao@cnmip.com.cn
冶金工业出版社营销中心 电话 (010)64044283 传真 (010)64027893
冶金工业出版社天猫旗舰店 yjgycbs.tmall.com

（本书如有印装质量问题，本社营销中心负责退换）

序　言

据有关统计资料介绍，目前中国大陆有县城1600多个：其中建制镇19000多个，农场690多个，自然村266万个（村民委员会所在地的行政村为56万个）。去除设市县级城市的人口和村镇人口到城市务工人员的数量，全国生活在村镇的人口超过8亿人。长期以来，我国一直主要是农耕社会，农村产生的废水（主要是人禽粪便）和废物（相当于现在的餐厨垃圾）都需要完全回用，但现有农村的环境问题有其特殊性，农村人口密度相对较小，而空间面积足够大，在有限的条件下，这些污染物，实际上确是可循环利用资源。

随着农村居民生活消费水平的提高，各种日用消费品和卫生健康药物等的广泛使用导致农村生活垃圾、污水逐年增加。大量生活垃圾和污水无序丢弃、随意排放或露天堆放，不仅占用土地，破坏景观，而且还传播疾病，污染地下水和地表水，对农村环境造成严重污染，影响环境卫生和居民健康。

生活垃圾、生活污水、病死动物、养殖污染、饮用水、建筑废物、污染土壤、农药污染、化肥污染、生物质、河道整治、土木建筑保护与维护、生活垃圾堆场修复等都是必须重视的农村环境改善和整治问题。为了使农村生活实现现代化，又能够保持干净整洁卫生美丽的基本要求，就必须重视科技进步，通过科技进步，避免或消除现代生活带来的消极影响。

多年来，国内外科技工作者、工程师和企业家们，通过艰苦努力和探索，提出了一系列解决农村环境污染的新技术新方法，并得到广泛应用。

鉴于此，我们组织了全国从事环保相关领域的科研工作者和工程技术人员编写了本套丛书，作者以自身的研发成果和科学技术实践为出发点，广泛借鉴、吸收国内外先进技术发展情况，以污染控制与资源化为两条主线，用完整的叙述体例，清晰的内容，图文并茂，阐述环境保护措施；同时，以工艺设计原理与应用实例相结合，全面系统地总结了我国农村环境保护领域的科技进展和应用技术实践成果，对促进我国农村生态文明建设，改善农村环境，实现城乡一体化，造福农村居民具有重要的实践意义。

赵由才

同济大学环境科学与工程学院

污染控制与资源化研究国家重点实验室

2018 年 8 月

前　　言

中国是世界上水土流失最为严重的国家之一。中国每年因水土侵蚀造成的经济损失在100亿元以上，水土流失已成为中国的主要环境问题之一。中国民众大多居住在小流域范围内，水土流失带来的土壤肥力下降、土壤资源流失，土地、河流、湖泊生态系统功能退化、丧失，水质污染，生物多样性下降等，加剧了区域人地之间的矛盾、水供给量与需求量之间的矛盾，拉大了低山丘陵地带和平原地带的城乡贫富差距。随着中国经济社会发展进入新常态，促进贫困落后的水土流失区经济发展始终是小流域环境综合治理的重点任务。城乡小流域环境综合治理，是实现水土保持，加强农业基础设施建设，提高地方农、林、牧业协调发展，改善山丘区群众生产生活条件的保证，也是巩固退耕还林成果和发展流域经济的一项系统工程。以小流域为单位开展环境综合治理，是发展水土流失地区农村经济的一条捷径，对促进区域经济可持续发展，推进区域新农村建设和保障国家粮食安全、生态安全和防洪安全等都具有十分重要的意义。

本书从城乡小流域环境综合治理背景和必要性入手，全面系统地阐述了国内外小流域综合治理历史沿革及现状，小流域环境综合治理与乡村可持续发展，国内外小流域综合治理机制，中国小流域综合治理的模式和技术，中国流域环境综合治理管理现状、相关法律、法规、技术体系及存在问题。最后以云南省玉溪市抚仙湖小流域综合治理为案例，介绍了自“九五”时期以来玉溪市为保住抚仙湖Ⅰ类水质，从流域管理机制、产业结构调整、工业污染防治、农田面源污染治理、生活垃圾处置、矿山植被恢复和湖滨带生态修复等方面开展的工作，为城乡小流域环境综合治理提供参考。

本书由赵敏慧（云南省玉溪师范学院）、马建立（天津市环境保护科学研究院）、王泉（云南省玉溪师范学院）、张艳兵（澄江县抚仙湖管理局）、赵由才（同济大学）共同编著。编写人员分工为：赵敏慧、赵由才（第1章），赵敏慧（第2章），赵敏慧、马建立、商晓甫（第3章），王泉（第4章），张艳兵、赵敏慧（第5章）。

由于作者水平有限，书中若有不妥之处，恳请读者批评指正。

作者

2018年9月

目　　录

1 城乡小流域环境综合治理概述

河岸带自古都是世界各国人民定居首选之地。大河流兼具提供水源、航运、生物多样性保护、截污纳垢等多项功能，也孕育了无数河流文明，被誉为“母亲河”。受人口增长、植被破坏、工农业发展、土地不合理利用和管理不当等因素的影响，中国水土流失越来越严重，每年因土壤侵蚀造成的经济损失在100亿元以上，水土流失已成为中国的头号环境问题，中国也成为世界上水土流失最为严重的国家之一。水土流失导致农田土壤肥力损失，土地生产率降低，植被和生物多样性受到破坏；同时带来的恶果是沙尘暴肆虐，河流、水库泥沙淤积，河流水系的水力负荷降低，下游地区洪涝危害频发、水质下降，流域内数百万人民的生活生计受到严重威胁，中国大部分丘陵山区人们的生计条件和生态环境受到了严重冲击，直接或间接地危害跨省甚至跨国流域的生态安全。

水土资源是人类赖以生存和发展的基本条件，是不可替代的基础资源。以河流为中心的小流域综合治理，受到人们越来越多的关注。小流域综合治理以流域为基本单元，把流域内的生态环境、自然资源和社会经济视为相互作用、相互依存和相互制约的统一完整的生态社会经济系统，以水资源管理为核心，采取行政、法律、经济、科技、教育等综合手段，使流域的社会经济发展与水资源环境的承载能力相适应，充分发挥流域的各项功能，最大限度地适应自然经济规律，使人与自然和谐共处，实现流域社会经济和环境全面协调可持续发展，确保流域防洪安全、水资源安全、生态环境安全、饮水安全和粮食安全。

1.1 城乡小流域环境综合治理相关概念

1.1.1 流域与小流域

从自然意义上看，《中国大百科全书》的流域（watershed）定义是指“地表水及地下水分水线所包围的集水区域或汇水区域的总称”。因地下水分水线不易确定，习惯指地面径流分水线所包围的集水区。我国著名水土保持学家王礼先教授将其定义为：流域是指某一封闭的地形单元，该单元内有溪流（沟道）或河川排泄某一断面以上全部面积的径流。通俗地说，流域描述的是一个土地区域，是指沿着斜坡排水到最低点的陆地面积。水沿着排水通道网络运动，无论是在地面还是在地下，汇集成溪流和江河。流域的边界沿着沟渠周围的主要山脊走，在谷底会合，形成湖泊，或汇入上一级的流域。每条溪流、支流或江河都有一个流

域，小流域合起来就成为更大的流域。可见，流域是一个水文单元，是具有空间层次结构和整体功能的复合系统。地表水与地下水相互转换，上下游、干支流、左右岸，以及水量水质相互关联、相互影响，流域水循环不仅构成经济社会发展的资源基础、生态环境的控制因素，同时也是诸多生态问题的共同症结所在。因此，人们经常把流域作为一个生态经济系统进行总体经营和管理。

根据流域面积的大小，流域涵盖大流域、中流域、小流域和社区这些不同层次的地理单位。“大流域”指跨省（自治区、直辖市）的大江大河；“中/小流域”指我国众多的省内河流，跨市（县）不跨省的河流，在行政区划上，“一个中/小流域”范围内包括多个城市和农村社区，通常基本上是在一个市（县）属范围内；“中/小流域”的提法是相对“大流域”的；小流域之下的“社区”是最基本的自然资源管理单位。社区和小流域是汇集径流、产水和产泥沙的源头，是连接大江大河的纽带。

小流域是针对大流域来说的，这种提法最早源于欧洲阿尔卑斯山区的山地整治及植被恢复和美国田纳西流域的治理及管理实践。就面积大小来说，美国水土保持学界把面积小于 $1000km^2$ 的流域称为小流域；欧洲阿尔卑斯山区国家把面积 $100km^2$ 以下的山区流域称为小流域；欧洲和日本把面积 $50 \sim 100km^2$ 的流域或荒溪流域、山洪流域称为小流域。我国小流域通常是指二、三级支流以下以分水岭和下游河道出口断面为界，集水面积在 $30 \sim 50km^2$，最大不超过 $50km^2$ 的相对独立和封闭的自然汇水区域。

从生态学、经济学的双重角度剖析小流域，可以看到，一方面，小流域占据一定的地域，与一定的生产者、消费者、分解者及其非生物环境相联系，具有生态系统的物质循环、能量流动、信息传递功能，随着生态系统内成分功能的改变，小流域的土壤侵蚀、土地生产力、营养元素状况等发生变化；另一方面，在小流域内部，人类活动建立了相应的生产力系统和生产关系系统，以生态系统为基础，进行着物质资料的再生产和生产关系的再生产，具有明显的社会经济特征。

从水利学上看，小流域的基本组成单位是微流域，是为精确划分自然流域边界并形成流域拓扑关系而划定的最小自然集水单元，范围基本上是在一个县属内。为了便于管理，跨越县级行政区的小流域又会按照县级行政区界限分割成小流域亚单元。在小流域内，由于有人类活动的参与，人们的各种经济成分及各种社会关系在地理环境和社会制度的制约下形成了相对独立的经济系统。小流域生态经济建设是县域或区域生态经济建设的重要组成部分，是通过小流域治理来实现的。

自从有了小流域的概念，小流域综合治理便成为水土流失治理的核心理念，小流域治理的概念也随着时代变化而不断地被修改、完善和补充，其内涵也变得日趋丰富。

1.1.2 小流域综合治理

中国地域广阔、地形多样，地貌特征千差万别，不同区域的小流域表现出不同的特点。小流域所处的经纬度、海拔高度、流域面积、平均比降、地表覆盖、气候特征、流域性状和沟壑密度等反映了小流域外部特征。而小流域内的植物、动物和微生物与其所处的光照、空气、水、土壤和无机物等构成了一个开放、有序的自然生态系统。

江河河岸带由于有便捷的水利条件和肥沃的土壤，往往是居民定居的首选地，也是受人类干扰较早的区域。小流域内，由于有人类活动的参与，人们的各种经济成分及各种社会关系在地理环境和社会制度的制约下形成了相对独立的经济系统。

在现代社会，有人类居住的地方必然有相应的组织、管理和协调等行政组织和为人们提供教育、卫生、医疗和娱乐场所的部门，这些组织和部门使流域内的人们形成了一个密不可分的社会系统。

生态系统、经济系统和社会系统的复合形成了小流域生态—经济—社会复合系统。因此，小流域的治理是一个涉及自然因子、经济因子和社会因子的复杂系统工程。

中国著名水土保持学家王礼先教授将小流域综合治理定义为：为了充分发挥水土等自然资源的生态效益、经济效益和社会效益，以小流域为单元，在全面规划的基础上，合理安排农、林、牧等各业用地，因地制宜地布设综合治理措施，治理与开发相结合，对流域水土等自然资源进行保护、改良与合理利用。

1.1.3 流域管理

20 世纪 80 年代，中国开始启动小流域综合治理之初，曾有学者将小流域综合治理称为流域治理、山区流域管理、流域管理、集水区经营，将流域管理和流域治理等同看待。随着自然—社会—经济复合状态的演变和小流域治理方法、技术、理念的不断进步，流域管理和流域治理两个概念被区别对待。总体来说，“小流域治理”仍然是一个以技术要素为主的体系，主要解决以小流域为基本单元的治理管理模式中的关键技术问题。而要成功地实施小流域“综合”治理，除有效的技术体系外，还需要与当地社会经济和文化条件相一致的机制和组织形式，在解决环境问题的同时，与当地政府的综合发展目标相一致，并最大限度地改善当地群众的生产生活问题。只有这样才能确保小流域综合治理工作成果的维护和巩固，并得到当地政府的全力支持。这就需要更深层次的从非技术层面进行探索和总结，而小流域管理正好解决了这个问题。流域管理强调在保证流域治理和生态恢复的总体前提下，从流域内人的生计角度为出发点，关注流域内的贫困问题，解决流域内人的生存和发展问题。从这个意义上说，“小流域综合治理”和“小流域管理”这两个概念是等同的。

流域管理的内涵相当广泛，传统的流域管理的概念主要以流域为单元，依据河流系统的一定功能和管理目的，控制和管理洪灾，最大限度地减少洪水所带来的损失，同时考虑流域内人类的经济活动和不同功能分区的目标。

现代流域管理认为，流域管理就是包括流域环境管理、资源管理、生态管理以及流域经济和社会活动管理等一切涉水事务的统一管理，是以流域为基本单元，把流域内的生态环境、自然资源和社会经济视为相互作用、相互依存和相互制约的统一完整的生态社会经济系统，以水资源管理为核心，以生态环境保护为主导，以维持江河健康生命为总目标，以科学发展观统领流域的各项管理工作，采取行政、法律、经济、科技、宣传和教育等综合手段，统筹协调社会、经济、环境和生产、生活、生态用水等各方面的关系，使流域的社会经济发展与水资源环境的承载能力相适应，以供定需，以水定发展，在保护中开发，在开发中保护，全面建设节约型社会，大力发展循环经济，认真制定并严格执行流域长远规划，实行统一管理、依法管理、科学管理，规范人类各项活动，综合开发、利用和保护水、土、生物等资源，充分发挥流域的各项功能，最大限度地适应自然经济规律，力争流域综合效益的最大化，维持江河健康生命，使人与自然和谐共处，实现流域社会经济和环境全面协调可持续发展，确保流域防洪安全、水资源安全、生态环境安全、饮水安全和粮食安全。

小流域管理是大流域管理系统的组成部分，是大流域管理的具体体现。

1.1.4 生态清洁小流域

“可持续发展”概念自20世纪80年代明确提出以来，便在国际社会得到广泛重视和普遍认同。可持续发展的理念自然渗透到现代流域管理的概念中。现代流域管理涉及流域内可持续发展的主要内容，包含诸如生态的、社会的和经济的各方面因素。根据一定的生态环境功能和社会经济发展目标，很多学者认为，可持续的小流域管理就是综合性、适应性地调整行政、法律、教育、经济、科学和技术手段来实现社会经济和流域环境协调发展的可持续目的。

小流域是一个复合体，可持续的小流域管理是一种理念，是一种思想，可持续小流域管理的目标是实现小流域内社会经济和环境的协调发展和效益最大化，因此可持续小流域管理不仅强调环境发展，还强调小流域内群众的参与性和社区的发展。只有充分发挥小流域内群众和社区的积极性和参与性，才能使外部力量推动小流域系统内部力量的变化，从而从根本上实现小流域的可持续发展。

传统小流域治理仅侧重防洪与水土保持。随着中国政府越来越重视生态建

设，群众对生态及人文环境的诉求越来越强烈，生态清洁小流域概念应运而生。

2008 年颁布的生态清洁小流域技术规范中定义生态清洁小流域是指流域内水土资源得到有效保护、合理配置和高效利用，沟道基本保持自然生态状态，行洪安全，人类活动对自然的扰动在生态系统承载能力之内，生态系统良性循环、人与自然和谐，人口、资源、环境协调发展的小流域。

生态清洁小流域建设是在新的形势下，打破以往传统的观念，提出以小流域为单元，根据系统论、景观生态学、水土保持学、生态经济学和可持续发展等理论，结合流域地形地貌特点、土地利用方式和水土流失特性等，将小流域划分为三道防线。以“三道防线”为主线，紧紧围绕水少、水脏两大主题，坚持山、水、田、林、路统一规划，工程措施、生物措施、农业技术措施有机结合，治理与开发结合，拦蓄灌排节综合治理，达到控制侵蚀、净化水质、美化环境的目的。

构筑三道防线，建设生态清洁小流域是指以流域为单元，以流域内水资源、土地资源、生物资源承载力为基础，以调整人为活动为重点，从山顶到河谷依次建设生态修复、生态治理、生态保护三道防线，将流域综合治理为有水则清、无水则绿的水土保持生态系统。流域自然资源得到合理利用，对自然的改造扰动限制在能为生态系统所承受、吸收、降解和恢复范围之内，区域经济持续、稳定、协调发展，生态系统处于良性循环状态。

生态型清洁小流域是小流域治理要达到的新境界，应坚持生态优先和人与自然和谐的原则，在治理水土流失、绿化、美化环境、提高生态质量和环境品位的基础上，通过三道防线的构筑，结合农村产业结构调整，在达到保护水源的同时，保证流域粮食安全、水环境安全、景观协调，以促进流域经济社会稳定持续发展。

1.1.5 其他相关概念

流域保护（watershed protection）是指对流域水土及其他自然资源与环境的保护，即预防或制止人们对资源的不合理开发利用，防止水土等自然资源的损失与破坏，维护土地生产力，防止流域生态系统退化，维护生态平衡。

流域改良（watershed improvementor，watershed melioration）是指整治与恢复已遭破坏的流域资源与生态环境，重建已经退化的生态系统。通过采用生物与工程相结合的综合措施，改良退化的土地，提高土地生产力。

流域合理利用（rational use of watershed）是指以生态效益、经济效益与社会效益等多目标优化为目的，合理组织人们对流域水土及其他自然资源的开发利用，实现流域自然资源的可持续经营，实现经济社会与生态环境的协调发展。

1.2 小流域环境综合治理的背景和状况

1.2.1 小流域环境综合治理的背景

长期以来，在“人定胜天”“以经济建设为中心”理念的指导下，受人口增加、植被破坏、工农业的发展、土地无序不合理利用和管理不当等因素的影响，中国成为世界上水土流失最为严重的国家之一。早在20世纪50年代，为改善小流域的生存环境、改变小流域落后的局面以及摆脱恶性循环，中国就启动了以水土保持为主要内容的小流域治理。至80年代初，国家明确提出了以小流域为单元进行综合治理，并在全国推行和开展水土保持综合治理，当时颁发的《水土保持小流域治理办法草案》，标志着我国的小流域治理进入了一个新阶段。在80年代前期，中国开始注意生态效益与经济效益相结合，到了80年代中后期，坚持治理水土流失与治穷致富相结合，而80年代末90年代初，更是坚持治理开发与市场经济相结合。80年代以来中国小流域治理的三个代表性阶段，体现了小流域治理的概念、内容和理论的不断丰富和发展。

进入20世纪80年代，特别是党的十一届三中全会（1978年12月）之后开始实行对内改革、对外开放，国家走上了制度创新和建立市场经济体制新时期，释放了增长潜能，繁荣经济的系列政策调动了全国各行各业和全民参与到经济建设的大潮中，国家走上了持续的“经济繁荣”道路，在经济上取得了举世瞩目的成就，成为世界上经济发展速度最快的国家，人民生活水平和国家综合实力有了极大的提高。过去的30多年，中国是世界上经济增长率最高的经济体之一，年均GDP保持着9%~10%的增长速度。

30多年来，中国的进出口额一直高速增长（除2009年因国际金融危机有较大的下降之外），2002年中国的进出口额居世界第五位，2004年上升至第三位，2009年出口值达1.2万亿美元，超越德国成为世界出口大国，2016年的进出口额（36643亿美元）是1978年（206亿美元）的178倍。1979年之前，中国外汇储备从来没有超过10亿美元，甚至有几个年头还是负值，2001年底跨过2000亿美元的门槛达到2121.65亿美元，2006年底达到10663.8亿美元，首次突破万亿美元大关，超越日本居世界第一位。从1978年末至2016年末，外汇储备从1.67亿美元增加到30105亿美元，38年间增长了18025倍，财政收入成指数规律快速增长，2016年的财政收入（159552亿元）是1978年（1132亿元）的141倍。高等教育实现了从精英教育到大众教育的转变，2016年高校录取新生为748.6万人，是1977年27.3万人的27倍。2016年人均GDP达到8129美元，GDP总值为74.4127万亿元，1978年GDP总值是0.3645万亿元，38年间增长了203倍。

特别是党的十六大以来2002~2012年这10年是中国GDP增长最快的时期，

国内生产总值年均增长 10.7%（同时期世界经济平均增速为 3.9%），经济总量占世界的份额由 4.4% 提高到 10% 左右，对世界经济的贡献率超过 20%，GDP 从世界第六位跃居世界第二位，人均国内生产总值由 1000 多美元提高到 5432 美元。2010 年成为仅次于美国的世界第二大经济体，超过欧洲、日本等发达国家（见表 1-1）。国家统计局 2017 年 7 月 17 日公布的 2017 年中国上半年国内生产总值（GDP）同比增长 6.9%，再次超过国内外的预期，引来国际经济界和许多媒体的惊叹。

表 1-1　中国经济总量赶超七大工业国年份

年份	赶超国家	世界排名
1995	加拿大	7
2000	意大利	6
2005	法国	5
2006	英国	4
2007	德国	3
2010	日本	2

注：数据来源于国家统计局。

然而，持续的经济增长同时带来了一系列的社会和环境问题。虽然党的十八大以来，生态文明建设纳入了国家经济社会发展“五位一体”总体布局，小流域综合治理成为生态文明建设的重要方面和基础性内容，以小流域综合治理为主要组织形式的水土保持生态建设推进力度进一步加大，中国城乡居民收入差距不断缩小，但城乡、区域、不同群体之间的居民收入差距依然较大。2015 年全国 31 个省（区、市），居民人均可支配收入位于前列的北京和上海分别为 49867 元和 48458 元，而西部地区包括甘肃、贵州和云南等，不及前述地区的 1/3，最高是最低的 4.07 倍。城乡之间居民收入差距也非常显著，2015 年城乡居民人均可支配收入比为 2.73，地区之间、城乡之间差距悬殊。2016 年，全国居民人均可支配收入基尼系数为 0.465，比 2012 年的 0.474 下降 0.009。2017 年全国居民收入基尼系数超过 0.4。

与此同时，高速的经济运转像许多台自然资源加工机器，政府拉动需求，企业和其他资源使用者为追求利润最大化，不合理和过度地开发利用自然资源，对自然资源进行着无休止的索求和挥霍，呈现资源消耗多、环境污染重、生态受损大、土地日益退化、水质污染和水资源严重短缺、生物多样性遭破坏等严重的环境危机，中国资源环境承载能力已经达到或接近上限，威胁着中国社会、经济的可持续发展，成为全面建成小康社会进程中的突出短板。毋庸置疑，中国的高速发展是导致资源环境危机的根源。更糟糕的情况是，这些环境和社会问题交织在一起。流域具备支撑生态系统（自然功能）和提供人类生计资源和活动空间（社会功能）两个基本功能。绝大多数的贫困人口生活在自然条件恶劣、自然资源匮乏和生态环境脆弱的社区、小流域和流域生态功能区。全国的 449 个贫困县，75. 8%为水土流失严重县。环境破坏的后果更多地由被逼入生存困境的农民承担。相对于城市居民，农村居民需要更直接、更具体地面对环境的恶化，包括森林面积减少、土壤肥力下降、鱼类存量减少和水资源污染等，因为这是他们的生计来源。资源环境问题对处于流域不同区位的社区和人群造成的影响是不同的，也成为贫困、社会收入分化和区域发展不均的主要原因之一。

进入 21 世纪，经济社会发展对小流域综合治理的需求更加多样化，小流域综合治理不仅承担着改善农村生产条件、改善生态环境、提高农业综合生产能力、增加农民收入的任务，还承载着补齐农村基础设施短板、改善农村人居环境等方面的新任务，因此要求进一步拓展小流域综合治理的内涵和外延，并通过小流域综合治理，综合改善水土流失区农村经济社会面貌。国务院批复的《全国水土保持规划（2015~2030 年）》明确了水土保持的十大基础功能，即水源涵养、土壤保持、生态维护、防风固沙、蓄水保水、防灾减灾、农田防护、水质维护、拦沙减沙、人居环境维护等。十大基础功能在生产和社会服务方面的延伸，形成了水土保持的生产功能和社会服务功能，生产功能包括粮食生产、综合农业生产、林业生产和牧业生产功能，社会服务功能包括河湖源区保护、减少江河湖库淤积、水源地保护、生物多样性保护、河沟渠岸坡防护、土地生产力保护、城镇道路工矿企业保护等。

1. 2. 2　小流域环境综合治理状况

1. 2. 2. 1　水土流失治理状况

据全国第二次水土流失遥感普查资料显示：截至 2005 年底，全国水土流失面积 356 万平方千米，略大于国土面积的 1/3，其中水蚀面积 165 万平方千米，风蚀面积 191 万平方千米。在水蚀和风蚀面积中，水蚀风蚀交错区面积为 26 万平方千米；西部 12 个省份、自治区水土流失面积不减反增。中国水土流失主要分布在长江上游的云南、贵州、四川、重庆、湖北和黄河中游地区的山西、陕西、内蒙古、甘肃、宁夏。水土流失面积分布由东向西递增，东部地区水蚀面积有 9 万平方千米，西部地区水蚀面积达到 107 万平方千米。西北部的新疆、内蒙古、甘肃、青海成为中国风力侵蚀最为严重的地区。与 10 年前第一次水土流失遥感调查结果相比较，全国水土流失面积由 367 万平方千米下降到 356 万平方千米，仅减少了 11 万平方千米。水蚀面积由 179 万平方千米减少到 165 万平方千米，减少了 14 万平方千米，风蚀面积略有增加，由 10 年前的 188 万平方千米增加到 191 万平方千米，我国风蚀面积扩大的趋势尚未得到有效控制。西部 12 个

省、区 10 年间水土流失面积增加了 7 万平方千米。西部地区植被稀疏、降雨量偏少，导致一些流域水量减少，人工种植的林草成活率不高、原生植被枯死；以及草地严重过牧造成的草地沙化、退化和碱化等因素，都加剧了风蚀程度；同时，乱砍滥伐、乱垦滥挖，内陆河流不合理的开发、破坏原生植被，一些开发建设项目忽略水土保持造成人为水土流失。严重的水土流失造成沙化土地荒漠化、生产力下降、洪水泛滥、河水污染、水库淤积，严重影响着我国可持续发展战略的实施。中国每年因土壤侵蚀造成的经济损失在 100 亿元以上，水土流失已成为我国的头号环境问题。水利部副部长陈雷说，全国适宜治理的水土流失面积有 200 万平方千米，按当时的治理速度，需要近半个世纪的时间才能得到初步治理。

2010 年全国第一次水利普查中同步开展了中国水土保持情况普查。水土保持普查显示：中国土壤侵蚀总面积为 294.91 万平方千米，其中水力侵蚀面积 129.32 万平方千米、风力侵蚀面积 165.59 万平方千米，与第二次全国土壤侵蚀遥感调查的面积 355.55 万平方千米相比，土壤侵蚀面积减少了 60.64 万平方千米，其中水力侵蚀面积减少 35.56 万平方千米、风力侵蚀面积减少 25.08 万平方千米。此次普查全面查清了土壤侵蚀分布、面积与强度和侵蚀沟道的数量、面积与分布，水土流失严重地区仍然在长江中上游、黄河中上游、东北黑土区和西南岩溶区等地区，防治任务仍然十分艰巨。小流域经过近 30 年的治理，虽然取得了一定的成效，但形势依然严峻。

1.2.2.2 河流、湖泊水资源治理成效

中国水资源总量为 2.8 万亿立方米，较为丰富，全球排名第六，但根据水利部 2002 年《中国水资源公报》，2002 年全国人均水资源量约为 2100m^3，不足世界的 1/4，人均水资源占有量居世界第 109 位，许多地区同时面临着资源性缺水和水质性缺水的双重压迫。国家统计局统计的水资源数据显示，近年来中国水资源总量和人均水资源量在 2009~2011 年出现了明显的波动，其中 2011 年人均水资源量为 1730.2m^3，2016 年下降至约 1730m^3，人均淡水资源量近年来一直维持在 440m^3 左右。同时中国水资源还存在由南向北、由沿海向内陆逐渐递减，夏季雨水多、冬季少雨雪的空间、时间分布不均等状况。根据 2014 年的统计，中国有 660 个建制市，其中有 400 个左右城市缺水，北方流域有 110 个城市，如海河、淮河和辽河的人均水资源占有量仅约 350~750m^3，属于严重缺水地区。全国 2/3 城市缺水，有近 3 亿农村人口饮水不安全，年平均缺水量约 500 多亿立方米。国际人均水资源量的通用标准是少于 1700m^3 就是水资源紧张国家。中国的水资源将会长期处于严峻的形势当中。

中国在水资源告急的同时，水污染已经非常严重，水质不断恶化。全国 50% 左右的河流都受到了污染，长江和珠江等水质较好，黄河、海河等水质较差；全

国 3/4 以上的湖泊都受到了污染，出现了蓝藻、水质发黑、水质发臭等现象。同时，地下水也受到工业废水的污染，调查显示，40%以上的城市地下水受到严重污染。根据生态环境部发布的 2006~2016 年中国环境状况公报的数据，虽然中国在开展小流域综合治理的过程中，非常注重水污染的治理，但治水多年，国家长年监测的长江、黄河、珠江、松花江、淮河、海河、辽河、浙闽片河流、西北诸河和西南诸河十大水系和重点湖泊水库水污染依然严重，2006~2016 年地表水水质状况见表 1-2。

表 1-2　2006~2016 年地表水水质状况

年份	七大/十大水系				重点湖泊（水库）				总体评价
	Ⅰ~Ⅲ类/%	Ⅳ~Ⅴ类/%	劣Ⅴ类/%	污染物指标	Ⅰ~Ⅲ类/%	Ⅳ~Ⅴ类/%	劣Ⅴ类/%	污染物指标	
2006	46	28	26	COD_{Mn}、石油类、NH_3-N	29	23	48	TN、TP	全国地表水总体水质为中度污染，与上年相比稳定，水库水质好于湖泊，富营养化程度轻
2007	49.9	26.5	23.6	NH_3-N、石油类、COD_{Mn}、BOD_5	28.5	32.2	39.3	TN、TP、COD_{Mn}、BOD_5	七大水系总体为中度污染，浙闽区河流、西北诸河、西南诸河水质良好，湖泊（水库）富营养化问题突出
2008	55	24.2	20.8	NH_3-N、石油类、COD_{Mn}、BOD_5	21.4	39.3	39.3	TN、TP	七大水系总体为中度污染，浙闽区河流为轻度污染，西北诸河水质为优，西南诸河水质良好，湖泊（水库）富营养化问题突出
2009	57.3	24.3	18.4	COD_{Mn}、BOD_5 和 NH_3-N	23.1	42.3	34.6	TN、TP	七大水系总体为轻度污染，浙闽区河流和西北诸河为轻度污染，西南诸河水质良好，湖泊（水库）富营养化问题突出
2010	59.9	23.7	16.4	COD_{Mn}、BOD_5 和 NH_3-N	23	38.5	38.5	TN、TP	七大水系总体为轻度污染，浙闽区河流和西北诸河水质良好，西南诸河水质优，湖泊（水库）富营养化问题突出

续表 1-2

年份	七大/十大水系				重点湖泊（水库）				总体评价
	Ⅰ～Ⅲ类/%	Ⅳ～Ⅴ类/%	劣Ⅴ类/%	污染物指标	Ⅰ～Ⅲ类/%	Ⅳ～Ⅴ类/%	劣Ⅴ类/%	污染物指标	
2011	61.0	25.3	13.7	COD、BOD_5和TP	42.3	50.0	7.7	TP、COD	全国地表水总体为轻度污染，湖泊（水库）富营养化问题仍突出
2012	68.9	20.9	10.2	COD、BOD、COD_{Mn}	61.3	27.4	11.3	TP、COD、COD_{Mn}	全国地表水国控断面总体为轻度污染，监测重点湖泊25%富营养状态
2013	71.7	19.3	9.0	COD、COD_{Mn}和BOD_5	60.7	27.8	11.5	TP、COD和COD_{Mn}	地表水总体为轻度污染，部分城市河段污染较重，湖泊（水库）与上年各级别水质无明显变化
2014	63.1	27.7	9.2	COD、BOD_5和TP	61.29	30.65	8.06	TP、COD和COD_{Mn}	诸河总体水质明显好转，湖泊（水库）同比无明显变化
2015	64.5	26.7	8.8	COD、BOD_5、TP	69.35	22.58	8.07	TP、COD和COD_{Mn}	诸河与2014年持平，湖泊比上年好转
2016	67.7	23.7	8.6	COD、TP、BOD_5	66	26	8	TP、COD和COD_{Mn}	地表水相比上年有好转
2017	71.8	19.8	8.4	COD、NH_3-N、TP、COD_{Mn}、氟化物、BOD_5	62.6	26.7	10.7	TP、COD、COD_{Mn}	全国地表水优良水质断面比例不断提升，Ⅰ～Ⅲ类水体比例达到67.9%，劣Ⅴ类水体比例下降到8.3%，大江大河干流水质稳步改善

注：表格数据来源于中国环境保护部（2017年更名为中国生态环境部）历年中国环境状况公报国控断面监测数据。长江、黄河、珠江、松花江、淮河、海河、辽河为七大水系，加浙闽片河流、西北诸河和西南诸河为十大水系。重点湖泊（水库）指三湖（太湖、滇池、巢湖）、大型淡水湖、城市内湖和大型水库。COD_{Mn}代表高锰酸盐指数；COD代表化学需氧量；BOD_5代表五日化生物需氧量；NH_3-N代表氨氮；TP代表总磷；TN代表总氮。

从表1-2可以看出，中国长江、黄河、珠江、松花江、淮河、海河、辽河、浙闽片河流、西北诸河和西南诸河十大水系和国家重点监测的湖泊（水库）在

2006~2016 年 11 年间劣Ⅴ类水所占比例在下降，水质向好的方向转变，但黄河、辽河和海河仍为中重度污染，至 2016 年十大水系和国家重点监测的湖泊（水库）Ⅳ~劣Ⅴ类水质还是分别占到 36.03%和 55.82%。河流、湖泊（水库）水质的污染加剧了水资源量的短缺，水质危机产生的水资源安全问题会直接或间接引发农业安全、食品安全、工业安全、生态安全、经济安全，最终会影响到国家安全，也同样制约着中国未来的可持续发展。

1.3 小流域环境综合治理的必要性

1.3.1 小流域环境治理对水土保持的重要作用

1.3.1.1 推进工程进度

中国小流域综合治理起步于 20 世纪 80 年代初，经过 30 多年的水土流失治理实践，逐步探索出了一条以小流域为单元综合治理的经验，即以小流域为治理单元，对每条小流域进行规划设计、审查、施工、检查、验收。一条小流域的治理一般要 5 年时间，逐年成批地开展治理，就形成了对整个江河水土流失的治理。一条大流域可以划分为成百上千乃至上万条小流域实施治理。

1.3.1.2 推进水土保持的有序进行

中国流域面积非常宽广，辐射带动功能很强，地质地貌复杂多样，气候水源土壤多变，因而对其治理与开发首先要做到科学规划，按照“统筹安排、全面规划、突出特色、因地制宜、重点建设、分步实施”的原则，从土地平整、河道治理、山体绿化、山区移民、修路架桥、产业分布、市场建设、景点开发等方面给予综合考虑，工程措施、生物措施和农业技术措施相结合，优化综合治理措施配置。对黄土高原多沙粗沙区，加强以治理骨干工程为重点的坝系建设；在长江上游以坡改梯、坡面水系工程建设为重点；西北地区应充分考虑水资源的承载能力，植被建设以草灌为主，科学选育耐旱树种草种，大力推行集雨节灌，合理开发利用水资源。

1.3.1.3 有利于典型区域的单独治理

根据土地利用规划，在不同用途的土地上分别配置相应的水土流失治理措施。在宜农的坡耕地上配置梯田与保土耕作措施；在宜林宜牧的陡坡耕地和荒地上配置造林种草和封育措施；根据需要与梯田相结合，在坡面配置集雨节水灌溉和坡面水系工程等小型蓄排工程；在沟道配置各项治沟措施。所有规划措施都应落实到地块，并依据劳动力和投资情况确定实施进度安排。根据小流域综合治理规划，对较复杂的工程进行单项设计，对一般工程进行典型设计。

1.3.2　小流域环境质量与干流环境质量密不可分

小流域作为自然汇水区域的最低级、最小集水单元，溪流具有流程短、河床窄、水容量小的明显水文特点，同时小流域的气候通常受到溪流径流与蒸发量影响。雨季持续降雨自然水位暴涨易出现洪灾，旱季自然水位较低，水体自净能力降低，水质被污染，因此，出现雨季易洪、旱季易污的特点，使小流域地区成为山洪和水污染灾害的直接受灾区。由于小流域往往是江河溪流的发源地，上游位于分水岭，地形以山地为主，会抬升过往的气流和云层，使得云层产生降雨，甚至是短时强降雨，形成地表径流，汇入溪流。如遇长时周期性降雨，将导致溪流沿岸被冲刷，引起河岸侵蚀，水土流失，对下游和干流可能引起泥沙淤积、河床抬升和河道变窄的危险。在小流域区域如果出现生产和生活污水未经处理直接排入溪流，很可能导致水体污染、水质恶化，进而引发水生动植物死亡，流域自然环境恶化等结果。如果被污染的支流汇入下游干流，将导致干流水质下降，水功能退化，影响饮水安全。因此，小流域作为干流的源头，好的环境质量是对下游和干流生态安全的保证，只有把星罗棋布的小流域治理好，才是抓住了流域治理的根本。

1.3.3　小流域环境综合治理是实现流域经济发展的一条捷径

流域具备支撑生态系统（自然功能）和提供人类生计资源和活动空间（社会功能）两个基本功能。小流域气候和环境直接影响当地农林牧渔的生产方式和居民生活方式。受社会进步、经济发展、人口膨胀、城镇化扩张、土地附加值上升等因素影响，人身安全、居住安全、饮水安全、渔业养殖、经济作物、农田灌溉等各方面均与小流域环境质量好坏密不可分。

小流域作为一个相对独立的经济系统，生态经济建设是县域或区域生态经济建设的重要组成部分，它是通过小流域治理来实现的。伴随着我国生态文明建设纳入到“五位一体”中，人们对生态环境的认识上升到了一个新的高度。生态小流域得天独厚的山水环境既具备生态特点，又值得流域治理及开发。应将生态与小流域治理相结合，使得单一的流域防洪、水土保持变为多维整合生态修复、水环境净化、景观旅游、休闲健身等，使得在传统小流域治理的同时，取得改善生态环境、美化人居环境、开发旅游资源、提高居民收入等一举多得的成效。小流域综合治理，是实现水土保持与发展流域经济的一项系统工程，是实现水保产业化的基础，更是发展水土流失地区农村经济的一条捷径。

1.3.4　以小流域为单元进行综合治理的优越性

以小流域为单元进行综合治理的优越性表现在：一是符合水土流失规律。水土流失位移、搬运、沉积全过程在小流域内都能反映出来，根据水土流失规律，因害设防，从坡面到沟道建立综合防治体系，能有效控制水土流失。二是能够更加有效地开发利用水土资源，按照自然特点合理安排农、林、牧业生产，改善农业生产结构，提高土地利用率和劳动生产率，使群众尽快富起来。三是能克服各自为政、零星分散的弊端，利于进行集中和连续治理，最大可能地发挥效益。四是治理大江大河的根本措施，只有把每条小流域治理好，大江大河治理才能见效，从而避免洪涝灾害的发生。

1.4 小流域环境综合治理的意义

小流域是一个由水量、水质、地表水和地下水等各组成部分构成的统一整体，是一个完整的生态系统。在这个生态系统中，每一个组成部分的变化都会对其他组成部分的状况产生影响，乃至对整个大流域生态系统的状况产生影响。由流域的这种整体性特点所决定，在流域的开发、利用和保护管理方面，只有将每一个小流域都作为一个空间单元，根据流域上、中、下游地区的社会经济情况、自然环境和自然资源条件，以及流域的物理和生态方面的作用和变化，将流域作为一个整体来考虑其开发、利用和保护方面的问题，才是最科学、最适合流域可持续发展之客观需要的。

中国大多民众居住在小流域范围内，水土流失带来的土壤肥力下降、土壤资源流失，土地、河流、湖泊生态系统功能退化、丧失，水质污染、生物多样性下降等，加剧了区域人地之间的矛盾、水供给量与需求量之间的矛盾，拉大了低山丘陵地带和平原地带的城乡贫富差距。中国每年因土壤侵蚀造成的经济损失在100 亿元以上，水土流失已成为中国的头号环境问题。促进贫困落后的水土流失区经济发展始终是小流域综合治理的重点任务。随着中国经济社会发展进入新常态，中国农业的主要矛盾由总量不足转变为结构性矛盾，突出表现为阶段性供过于求和供给不足并存，矛盾的主要方面在供给侧。而在水土流失严重地区，水土资源基础条件差，农业农村发展滞后，面临的发展压力更大。

小流域综合治理是小范围内进行水利资源的综合治理，是治理水土流失，改善农业基础设施条件，提高地方农、林、牧业发展，促进农村经济又好又快发展的需要，改善山丘区群众生产生活条件，巩固退耕还林成果的一项重要工程；是保障项目区群众生活和国家粮食安全的重要组成部分，对促进区域经济可持续发展，推进新农村建设和保障国家粮食安全、生态安全和防洪安全等都具有十分重要的意义。以行政划分的城乡小流域为单位开展综合治理，是实现水土保持、防治河流湖泊水环境安全与发展流域经济的一项系统工程，是实现水保产业化的基础，更是发展水土流失地区农村经济的一条捷径。

2 城乡小流域环境综合治理发展历程

中国是一个有着悠久历史的农业大国，自然界的水土资源流失现象，有着比水土资源保护更为久远的历史。在漫长的传统农业生产发展历史中，有相当长的一段时间，人们对水土资源流失现象并未引起重视，直到水土资源流失现象发展到足以威胁人们的农业生产，甚至威胁人们的生命安全时，人们才开展征服水土资源流失的斗争。早在 2300 多年前的秦汉时期就有修建梯田的记载。可以说，中国是世界上开展小流域治理较早的国家之一。中国各族人民在与大自然的斗争中，积累了丰富的与水土流失作斗争、保护小流域生态环境的经验，使一个耕地只占世界耕地 7%的国家，养育了占世界 22%的人口。20 世纪 80 年代后，中国在引进、吸收国外先进治理经验基础上，结合中国实际情况，开创性地提出以不大于 $50km^2$ 的面积划分小流域，以小流域为单元来开展防治水土流失、水质污染的综合治理模式，经过 30 多年的小流域综合治理，实践证明这一项创举性治理模式是合理、科学和可行的，也符合中国绝大部分地区水土流失特点和国情。

国外小流域治理的起源最早可以追溯到 19 世纪中期欧洲的荒溪治理，后来美国称之为流域管理，并开展了著名的田纳西流域的治理工作。随着流域管理的概念逐渐广为人知，每个国家都依据本国的国情，不同程度地进行了小流域治理的探索和尝试，展开了流域管理的工作。由于世界各国的自然条件和社会经济发展状况不同，小流域的治理起源时间和治理成效、治理方式各具特色，治理中研究的侧重点各不相同。

2.1 中国水土保持历史渊源

据现有史料记载，中国的水土流失治理可以追溯至西周初期（公元前 16~11 世纪）。商代人们采用区田法来防止坡地水土流失，此法颇像今日干旱地区农民应用的掏种法和坑田法。西周初期，中国中原地区的农业生产已有了一定程度的发展，当时治理水土流失以平原和下湿地为主，主要是进行土地平整、防止冲刷，使溪流、河川的泥沙量降低，流水变清，对各种不同的土地规定了不同的用途。在《佚周书》《孟子》《荀子》《周礼》中对山林、沼泽设官禁令进行保护作了一系列的论述。如《孟子》中论述：认真执行池、沼、渊、川泽的禁令，会使鱼鳖的出产极多，百姓吃用不完；采伐和养护安排适时，山林不会遭到破坏，百姓的木材也会富裕。西周和春秋时代是中国农田建设和水土保持的初创阶

段，在技术力量低下和地广人稀的环境中，人们既没有必要，同时也没有可能耕种大量的土地，只是将山林、荒地、沼泽、低湿地、盐碱地等许多难以治理的土地安排不同的用途并加以保护，防止水土流失和水旱灾害。

春秋后期（公元前3世纪），随着人口的增加，人们扩大耕垦范围，除继续开垦平原沃土外，还耕垦丘陵坡地和江河湖泊附近的低洼积水的土地，水土流失现象日益加重。迫使人们注意水旱灾害与水土流失，当时就有“土返其宅，水归其壑”（即土壤回到农田，流水纳入沟壑）的描述，这是历史上最早出现的具有水土保持内容的记载。

从秦统一六国，到清道光二十年（1840）鸦片战争爆发，在这一时期内，中国开垦坡地、严重破坏山林比较突出。一方面，封建王朝为了修建宫室、陵寝及镇压农民起义，大面积砍伐与毁坏森林；另一方面，交不出田租的农民被迫到丘陵山地开荒种地，滥伐滥垦，更加重了水土流失危害。这一时期黄河含沙量增加，致使下游河道淤积严重，黄河决口和改道的次数大增。随着山区耕地的大量开垦，农民针对坡耕地的水土流失，创造了区田、梯田等既能保持水土又能增加产量的耕作技术。为防止农田冲刷，提高抗旱能力，出现了大量的山间坡塘。黄河上中游地区创造性地利用洪水、泥沙，发展了引洪漫地和打坝淤地技术；同时，山区造林和河岸防护林营造技术也有了很大的发展。

1840年以后，帝国主义大肆侵入中国，掠夺式地开采矿山、建筑铁路、建立工厂，造成了大量的弃土废渣，严重的滥伐森林，使得我国东北、西南一些地区的自然生态环境遭到严重破坏，许多山区、风沙区的农民迫于生计，乱砍伐乱垦荒，促使水土流失进一步加剧。

2.2 中国小流域治理发展历程

进入20世纪，小流域治理在不同的历史阶段也呈现不同的发展特点，20~40年代处于探索阶段，50~70年代为发展阶段，到80年代以后提出了小流域综合治理的概念，进入辉煌发展阶段。

2.2.1 小流域治理探索阶段

20世纪20年代在内忧外患日益严重的情况下，中国的一些知识分子接受西方现代科学思想的影响，开始从事水土保持的实验研究，小流域治理工作进入了探索阶段（1920~1949年）。这一时期，工作的重点是做水土保持研究，如观测不同暴雨下不同森林植被覆盖度对水土流失的影响，水土流失与河床淤积的关系，总结历史上劳动人民防治水土流失的经验。20世纪30年代，许多土壤学家对全国各地的土壤侵蚀现象及防治方法进行了调查研究。

1933年中国正式成立黄河水利委员会，下设林垦组专职开展保水保土工作，并在黄河中游地区设立各种保水保土试验基地，开展水土保持科学试验研究。

1939年以后，国民政府中央农业实验所协助四川省内江甘蔗实验场，在坡地上布设小区，进行坡地保水保土试验，观测耕作方法对水土流失量及作物产量的影响。1940年黄河水利委员会的一些科技人员针对治黄工作，提出了防治泥沙的问题，并成立了林垦设计委员会，开展水土保持造林、保土植物、防护堤坝和梯田等措施研究。同年，黄河水利委员会组织国内有关大学、科研院所在成都召开了一次防止土壤冲刷的科学研究会，首次提出“水土保持”一词。同年8月林垦设计委员会正式改名为“水土保持委员会”。从此，“水土保持”一词作为专用术语开始使用。

2.2.2 小流域治理发展阶段

进入20世纪50年代，新中国成立，当时黄河水害严重影响流经地区的安危，为了解决黄河水害的问题，党和政府对水土保持工作十分重视，开始了黄土高原的水土流失综合治理模式。

1952年政务院发出《关于发动群众继续开展防旱、抗旱运动并大力推行水土保持工作的指示》，1956年成立了国务院水土保持委员会，1957年国务院发布了《中华人民共和国水土保持暂行纲要》，1964年国务院制定了《关于黄河中游地区水土保持工作的决定》。中国相继成立了全国水土保持管理机构和科学研究机构，负责研究和贯彻水土保持工作的方针政策，督促各地各部门执行水土保持的有关法规、条例，组织交流防治水土流失的经验，协调较大范围的水土保持勘测、规划和科学研究，定期研究解决水土保持工作中的重大问题，水利基层部门负责本地区水土保持工作勘测、技术指导和推广工作。中国的小流域治理从探索阶段进入了发展阶段（1950~1979年），也可称为小流域治理起步阶段或传统小流域治理阶段。

在技术方面，一些治理技术，如以防洪减灾为核心的水坠法河道筑坝、机械修梯田、滑坡与泥石流的防治，以改善退化环境为核心的飞播造林种草、引水拉沙改造沙漠，以开发利用小流域资源的水库水电的水利建设、防护林体系营造技术、土地资源信息库技术等已广泛应用于生产领域。学科领域涉及农业、林业、牧业、水利、气象等自然科学与社会科学，综合性水土保持学已逐步建立和完善起来。

在科学研究方面，为改善小流域的生存环境、改变小流域落后的局面以及摆脱恶性循环，探索有效的治理方法和途径，开展了通过工程措施和生物措施相结合，以水土保持为核心的流域治理。如20世纪50年代，在山西、陕西等省的一些地方，就在支毛沟流域进行了生物措施与工程措施相结合的综合治理试验，这实际上就是小流域综合治理的雏形。1956年，黄河水利委员会肯定了“以支毛沟为单元综合治理”的方向性的经验，并部署在全流域推广。之后，以支毛沟为单元的综合治理在黄河流域蓬勃发展，并逐步影响到全国。但是因为处于初步发展阶段，措施配置整体性较差。进入60年代，水土保持工作转入以基本农田建设为主要内容的时期，把水、坝、滩地和梯田确立为主攻目标，大大改善了农业生产条件，提高了单位面积产量。但由于没有以小流域为单元综合治理，有的地方东治一坡、西治一沟，单纯进行工程建设，或者单纯开展生物措施治理，结果未能形成综合防治体系，治理的效果并不理想。直至70年代中期，水保工作者总结正反两方面的经验教训，逐步认识到以流域为单元进行综合治理的必要性。

在地域方面，由于中国南方和北方地形地貌、气候特点的不同，传统小流域治理也有不同。在南方地区传统小流域生态治理主要以防洪减灾为中心，小流域治理主要措施有拦蓄措施、河道整治措施、堤防整治工程、排洪渠修筑工程等工程措施，以及相关的管理措施；而北方主要是以小流域水土流失治理为中心，以保持山区及河流的边坡稳定，减少山洪和地质灾害为目的，保障居民和区域资源安全为重点。南北方虽然治理的侧重点不同，但都通过水利工程达到防洪、排涝、去灾的目的，同时，配套非工程监测设施，达到人防与技防相结合的目的。

经长期实践，传统小流域治理以水土保持为核心，在生态效益和经济效益方面都取得了重要的成果，积累了丰富的治理经验，但也出现了一些问题。传统小流域治理由于资金和理念等局限，治理只关注了防洪、排涝、减灾，减少水土流失，采用大量的硬化措施，虽然在一定程度上提高了河道防洪能力和岸堤耐久度，减少了洪涝灾害，减少了河岸的水土流失，但是传统护岸被完全人工化、硬质化、渠道化，同时也割裂了水体与土壤的关系，破坏了河道自然生态系统的资源功能和生态功能，同时也破坏了河道的生物链，导致生态环境恶化，主要问题表现在：

（1）治理模式基本很单一。较多地采用硬化措施（如混凝土、浆砌块石）加固河岸，导致“千河一面”，毫无特色。

（2）忽视生态修复与水质改善。忽略鱼虾等生物的生存需求，破坏了河道的生物链，忽视水质改善与河道健康。

（3）与河岸环境产生突兀感。河道与村庄及环境有些格格不入，江南韵调的小桥流水人家与现代工业感的混凝土工程对比鲜明。

（4）部分治理有违河道自然规律。有些河道治理，为了行洪或增加土地面积，不惜截弯取直，改变河道原有面貌，这样导致了河道坡降和流速的变化，治理段流速明显加大，不仅加大了对上游的冲刷，而且雍高了下游洪水水位。

（5）拉远人水距离，缺少亲水设施。原先能够随处亲水戏水的坡面被挡墙替代，仅留下极少的洗衣平台，有些甚至直接被忽视。

（6）减少了绿地下渗面积，增加了排涝投入。一方面，硬化措施减少了土壤下渗面积，减少了绿地面积和容雨面积，进而导致土壤截蓄雨能力下降，雨水

均涌入河道，提高了洪涝风险而直接汇水入河，减少了雨水的截渗，一定程度上加重了河道行洪负担，与“海绵城市”思路不符。另一方面，当出现超设计标准的降雨和洪水时，堤防内涝又可能排洪不畅，还要投入更多配套排涝设施。

（7）单段治理具有局限性。传统治理方式投资大，因此，只能重点段防治，导致河道整体连贯性不足，无法统筹考虑生态与防洪需求。

在治理决策方面，小流域治理工作涉及水利部门、国土部门、规划部门、住建部门、交通部门、环保部门、乡镇街道等多个部门，仅依靠水利部门进行小流域治理会在专业思路、征地处理、政策交叉等方面受到很多局限性。在污水排放源方面，流域河道生活区和生产区是水污染产生的根本，如不从源头上控制水污染源，很可能导致被污染水随水循环进入河道并污染地下水源，危及饮用水源和灌溉水源。传统小流域治理常会陷入虽工程建成，但水质却未改善、水生态环境仍然糟糕的窘境。因此，传统小流域治理通过单一的工程措施或管理手段都存在一定局限性，出现了治标不治本的问题。

新中国成立 30 年来，列入试点、重点的小流域已达数万条，每年治理面积超过 1 万平方千米，约占全国治理面积的 50%，小流域治理已成为中国治理水土流失与农业发展、乡村农民脱贫致富的主要形式，生态效益和经济效益逐渐显现。

这一阶段，从总体上来讲，面上治理措施的配置比较分散，效果不理想。但通过曲折的探索，使人们对水土流失规律的认识实现了螺旋式的上升，这为后来小流域综合治理概念的正式提出和确立作了思想准备。

2.2.3　小流域治理辉煌阶段

中国是世界上水土流失最为严重的国家之一，通过一段时间的探索，20 世纪 80 年代初之后，在防治水土流失的长期实践中有了一些可借鉴的成功经验，并且制定了《水土保持小流域治理办法（草案）》，这标志着我国从此进入了以小流域为单位的综合治理的辉煌阶段。此阶段经历了试点探索起步、以经济效益为中心发展、大流域规模化发展、建设生态清洁小流域等阶段，在理论、实践、技术、体制、机制等方面不断创新发展，现已成为我国生态建设的一条重要技术路线和水土流失治理的主要组织形式。

2.2.3.1　*以小流域为治理单元的试点探索阶段*（1980~1991 年）

20 世纪 80 年代初，随着中国可利用水资源量减少、水质污染和流域治理理念、技术的发展，在党的十一届三中全会后，从中央到地方的水土保持工作都得到了进一步加强。水利部组织我国的水土保持主管部门的管理者和有关科学研究人员赴美国考察其水土保持工作，回国之后撰写并提交了出国考察报告。该报告较系统地介绍了美国的水土保持工作经验及其特色，其中谈到美国的水土流失治理有相当一部分面积是以面积≤1000km^2 的小流域为单元。与美国的小流域治理情况不同，中国国土大部分面积是山区和丘陵区，土地利用类型多为农耕地，再加之中国人口多、人口密度较大，人均占有土地面积少，因此，中国的水土流失防治应该以更小面积的小流域为单元开展工作。而当时对于小流域的面积，无论是水土保持管理者，还是水土保持专家并没有形成明确而一致的意见，多数人认为根据我国的地形地貌条件及人口数量等实际情况，小流域面积以不大于 50km^2 为宜。

依据出国考察报告和多年小流域治理的经验，水利部逐渐意识到以小流域为单元进行综合治理符合水土流失规律，治沟与治坡相结合符合经济规律，合理利用土地与保护、改良土壤资源相结合便于集中治理、连续治理，将防洪护岸工程、污染物处理工程、沿河生态工程、绿化景观工程等方面统一结合起来，进行多目标多效果的小流域综合治理是流域可持续发展的必由之路。因此，水利部不失时机地召开了多次分片、分区水土保持工作座谈会来推动此项工作。1980 年，水利部在山西省吉县召开了 13 个省区、市参加的水土保持小流域综合治理座谈会，系统总结了各地“以小流域为单元，进行全面规划、综合治理”的经验，把“小流域综合治理”作为一条重要的经验推出来，制定了《水土保持小流域治理办法》，并迅速在全国示范推广。从此水土保持工作扭转了单项措施分散治理的局面，走上小流域综合治理的轨道。这一治理思路的确立，从根本上解决了长期困惑水土保持工作的方法论问题，为实现各种措施的优化配置提供了理论依据；同时，它很好地解决了工程规划设计的单元问题，指导可以一个单元、一个单元地实施治理，取得最好的治理效果。

1982 年 6 月 30 日，国务院批准颁布了《水土保持工作条例》。1983 年，为探索水土保持快速治理的途径和不同类型区综合治理的模式，经国务院批准，财政部拨专款，将水土流失严重和旱涝灾害频繁、对国民经济影响大的海河、辽河等六大流域，水土流失较为严重的无定河、三川河、永定河上游、兴国县等八片列为国家重点治理区，启动了首批全国小流域综合治理试点工作。通过试点，在小流域治理的选点、规划、措施布置、治理标准、经费使用、检查验收、试验示范和组织领导等方面积累了经验，为后来开展大规模的生态建设奠定了坚实的基础。1989 年国务院将长江上游的金沙江下游及贵州毕节地区、嘉陵江中下游、三峡库区四片列为国家级重点防治区，随后逐步扩大到中游地区，包括四川、云南、贵州、甘肃、陕西、湖北等省市，涉及 180 个县。

同期，受农村家庭联产承包责任制的影响，户包治理小流域应运而生，全国掀起“千家万户治理千山万壑”的小流域治理高潮。从此以后，以小流域为治理单元，进行综合治理工作在全国各地蓬勃发展起来，“小流域综合治理”的概

念正式进入水土保持行业的视野，标志着中国的水土保持工作进入了以小流域为单元综合治理的新阶段，这是中国水土保持工作第一次质的飞跃。

在治理理念上，整个80年代，前期开始注意生态效益与经济效益相结合，中后期坚持治理水土流失与治穷致富相结合，而80年代末至90年代初，更是坚持治理开发与市场经济相结合。80年代以来小流域治理的三个代表性阶段，体现了小流域治理的概念、内容和理论的不断丰富和发展。20世纪80年代，尽管中国小流域治理的理论研究取得了显著成就，但由于当时投入能力的限制，这一阶段小流域治理依然停留在较低的层次上，始终没有摆脱传统的单纯“防护性治理”的圈子，治理的成效也相对有限。

2.2.3.2 以经济效益为中心的发展阶段（1992~1997年）

1991年6月29日，中国第一部《中华人民共和国水土保持法》诞生了，标志着水土保持工作开始步入法制化阶段。

1993年国务院印发了《关于加强水土保持工作的通知》，要求各级政府和有关部门从战略高度认识“水土保持是山区发展的生命线，是国土整治、江河治理的根本，是国民经济和社会发展的基础，是必须长期坚持的一项基本国策”；同年，国务院批准实施《全国水土保持规划纲要》。1994年在机构改革中，水利部专门成立了水土保持司。

20世纪90年代初，全国小流域治理有了法律保障，有了专门的管理机构，小流域治理无论在量的方面，还是在质的方面，都发生了很大的变化，不仅有了广泛的群众基础和相当的治理规模，而且有了一批效益显著的建设典型。在这段时间内，主要政策是提倡在发展经济的同时还要保证环境的效益，形成了独具特色的小流域治理与区域经济协同发展的模式。但随着社会主义市场经济体制的逐步建立和完善，小流域治理又出现了新的矛盾和问题，集中地体现在治理效益偏低、措施配置不尽合理、工程质量不高、管理跟不上等，小流域治理开发的经济效益不明显，群众参与治理开发的积极性受到很大影响。此阶段，恰逢1992年党的十四大之后，经济体制进行了改制，实行市场经济，人民的生活水平处于从温饱向小康转变的阶段，处于转型时期，小流域治理如果继续走老路子，不顾市场要求和农民的经济利益，将永远跳不出低效益的圈子。在这种形势下各地在总结多年小流域治理经验的基础上，相继提出“开发性治理”新型模式，即以经济效益为中心，把小流域治理纳入市场经济发展的轨道，积极运用价值规律、供求关系指导治理开发，调整土地利用和产业结构，将小流域治理同区域经济发展相结合，发展具有地方特色的治理开发路子。这种由单纯的防护性治理转向开发性治理，反映了中国国情和社会经济发展的客观需要，是中国农村经济向市场经济转变的必然趋势。

开发性治理小流域极大地激发了群众的积极性。同期，山西吕梁地区率先推出了拍卖“四荒”使用权，极大地调动了社会力量治理开发“四荒”的积极性。这条经验也很快走向全国，很快掀起了新一轮的小流域治理高潮。仅1992年进行治理的98条试点小流域，当年完成面积223km^2，年治理进度达12.54%。由单纯的防护性治理转向开发性治理，产生了小流域内联产承包、股份集资治理等多种形式。在产出方面，有相当一部分已形成商品，进入社会交换，小流域内的经济实体，乡、村、农户都成为小流域经济的组成部分。不少小流域在改善生态环境的同时，因地制宜地发展种植业、养殖业、加工业、旅游业，逐步形成了集种养加、产销供、科商贸于一体的生产经营体系，使小流域产品由自给自足为主，变成了面向市场交换为主，这是中国小流域治理的第二次质的飞跃。1997年国务院召开了全国第六次水土保持工作会议，对跨世纪水土保持工作进行了部署。1997年8月5日，时任总书记江泽民对陕北治理水土流失建设生态农业调查报告作出了重要批示，从历史和战略的高度深刻阐明了治理水土流失、建设秀美山川的极端重要性和紧迫性，向全党、全国发出了“再造山川秀美”的伟大号召，为跨世纪水土保持生态建设指明了方向，极大地鼓舞了全国人民治理水土流失、改善生态环境的积极性。随后，党中央、国务院又作出了一系列重大战略部署和决策，将水土保持生态建设作为中国可持续发展战略和西部大开发战略的重要组成部分，批准实施全国生态建设规划，进一步明确了水土保持生态建设的目标、任务、措施。同时中央采取积极的财政政策，对生态建设的投入不断增加。持续实施了黄河、长江等七大流域水土保持工程，建立了27片国家级水土保持重点治理区，在全国1.0万余条水土流失严重的小流域开展了山水田林路综合治理。在长江上游、黄河中游以及环北京等水土流失严重地区，实施了水土保持重点建设工程、退耕还林工程、防沙治沙工程等一系列重大生态建设工程，开始了大规模的生态建设。

2.2.3.3 大流域规模化防治阶段（1998~2006年）

1998年以来，随着中国综合国力的提升，国家全面加大生态建设的投入，小流域治理进入了前所未有的快速发展时期。仅每年中央安排的水土保持投资就达20多亿元，全国每年治理小流域4000多条，水土流失初步治理面积连续超过5万平方千米。

这一阶段，各级水保部门从经济社会发展和人们对改善生态环境的迫切需要出发，按照中央的水利工作方针和水利部党组可持续发展治水思路的要求，及时调整工作思路，把水土保持生态建设引入以大流域为规划单元、小流域为治理设计单元的规模化防治阶段。

坚持人与自然和谐相处的理念的指导思想，全面加大了封育保护的力度，充

分发挥生态的自我修复能力恢复植被。在工程布局上，着力推进水土保持大示范区建设，在政府的统一领导下，由水利水保部门统一规划，分部门实施，加快水土流失防治步伐。在建设内容上，以调整土地利用和产业结构为中心，以节约保护、合理开发、科学利用、优化配置水土资源为主线，努力推进水土资源的可持续利用和生态环境的可持续维护。

20 世纪 90 年代末国家重点治理工程所在区域水土流失得到有效控制、农业生产条件明显改善、生态环境明显好转，加快了群众脱贫致富奔小康的步伐，促进了区域经济发展，成为全社会广泛关注的焦点，中国水土保持生态建设从此进入了全面发展的新时期。截至 1999 年，全国累计完成水土流失综合治理面积 78 万平方千米，其中修梯田、建坝地、治沙造田 1187 万公顷，营造水土保持林 5900 万公顷，种植经济林果 500 万公顷，种草保存面积 400 万公顷，还修建了上亿处的蓄水保土工程，累计增加产值 700 亿元。水土保持措施每年增产粮食 170 亿千克，增产果品 250 亿千克，每年减少土壤侵蚀 15 亿吨。通过治理开发，1000 多万人口脱贫致富，生态环境和人民生活有了明显的改善。黄河中游通过治理，每年减少入黄泥沙 3 亿多吨。长江上游三峡库区经过重点治理，环境人口容量增加 30 人/km^2，为库区移民安置创造了良好的条件。全国开展的小流域治理达 2 万多条，已完成治理 5000 多条。

截至 2005 年底，全国水土流失面积 356 万平方千米，略大于国土面积的 1/3，其中水蚀面积 165 万平方千米，风蚀面积 191 万平方千米。在水蚀和风蚀面积中，水蚀风蚀交错区面积为 26 万平方千米；西部地区植被稀疏、降雨量偏少，导致一些流域水量减少，人工种植的林草成活率不高、原生植被枯死，以及草地严重过牧造成的草地沙化、退化和碱化等因素，都加剧了风蚀程度。同时乱砍滥伐、乱垦滥挖，内陆河流不合理的开发、破坏原生植被，一些开发建设项目忽略水土保持造成人为水土流失。中国水土流失主要分布在长江上游的云南、贵州、四川、重庆、湖北和黄河中游地区的山西、陕西、内蒙古、甘肃、宁夏。西部 12 个省份、区水土流失面积不减反增。水土流失面积分布由东向西递增，东部地区水蚀面积有 9 万平方千米，西部地区水蚀面积达到 107 万平方千米。西北部的新疆、内蒙古、甘肃、青海成为我国风力侵蚀最为严重的地区。与 10 年前第一次水土流失遥感调查结果相比较，全国水土流失面积由 367 万平方千米下降到 356 万平方千米，仅减少了 11 万平方千米。水蚀面积由 179 万平方千米减少到 165 万平方千米，减少了 14 万平方千米，风蚀面积略有增加，由 10 年前的 188 万平方千米增加到 191 万平方千米，中国风蚀面积扩大的趋势尚未得到有效控制。西部 12 个省、区 10 年间水土流失面积增加了 7 万平方千米。严重的水土流失造成沙化土地荒漠化、生产力下降、洪水泛滥、河水污染、水库淤积，严重影响着我国可持续发展战略的实施。

2.2.3.4 可持续生态清洁小流域综合治理阶段（2006年至今）

水资源问题是一个全球性的问题。保护好水资源、治理和改善水环境是当前迫切需要解决的世界性课题。水资源是人类生产和生活不可缺少的自然资源，也是生物赖以生存的环境资源，水是人类社会进步和社会发展的支柱。随着社会工农业发展和人口增加，人类对水资源的需求量不断增长，水资源紧缺程度不断加重，已成为影响社会发展的主要制约因素。水资源的紧缺，不仅制约社会经济的发展，而且造成水环境的不断恶化。随着水资源危机的加剧和水环境质量不断恶化，水资源短缺已演变成倍受全世界关注的资源环境问题之一。

中国是一个水资源不足的农业大国，也是水土流失最为严重的国家之一。根据水利部2002《中国水资源公报》，2002年全国人均水资源占有量不足世界的1/4，居世界第109位，许多地区同时面临着资源性缺水和水质性缺水的双重压迫。随着经济和社会的发展，水资源供需矛盾不断加剧，水资源不足已成为制约中国缺水城乡的主要因素。经过19世纪80年代以来小流域综合治理，中国水土保持工作取得了显著成效，但随着城乡工农业发展、人口增加，污水、垃圾污染日趋严重，原有的水土保持思路和模式已难以满足水源保护的需要。

随着中国政府越来越重视生态建设，群众对生态及人文诉求越来越强烈，2006年1月，北京为应对5年干旱带来的水资源短缺和水污染问题，紧紧围绕水少、水脏两大主题，结合水土流失的特点，打破以往传统的观念，以小流域为单元，根据系统论、景观生态学、水土保持学、生态经济学和可持续发展等理论，结合流域地形地貌、土地利用方式等特点，坚持山、水、田、林、路统一规划，工程措施、生物措施、农业技术措施有机结合，治理与开发结合，拦蓄灌排节综合治理的新理念，开创性地正式提出了全新的生态清洁小流域治理理论，并构建了集生态治理、生态修复及生态保护为一体的清洁小流域治理“三道生态防线”的模式。

三道防线理论是生态清洁小流域的建设思路，是按照“保护水源、改善环境、防治灾害、促进发展”的总体要求，围绕水资源保护，以小流域为单元，以流域内水资源、土地资源、生物资源承载力为基础，将小流域作为一个“社会—经济—环境”的复合生态系统，以调整人为活动为重点，依据小流域内地貌距离河沟道，由远及近、从山顶到河谷依次建设“生态修复区、生态治理区、生态保护区”三道防线，综合应用多种治理措施进行生态环境建设，保护水土资源，将流域综合治理为有水则清、无水则绿的水土保持生态系统。通过三道防线的建设，使流域自然资源得到合理利用，对自然的改造扰动限制在能为生态系统所承受、吸收、降解和恢复范围之内，使区域经济持续、稳定、协调发展，生态系统

处于良性循环状态，最终达到控制侵蚀、净化水质、美化环境的目的。

第一道防线，生态修复区，位于流域山顶或坡上部，坡度一般大于25°，人类活动较少，不利于农业耕作，没有开发建设及大规模的农业生产活动等人为干扰的区域。

第二道防线，生态治理区，位于坡中、坡下部和坡脚地区，坡度小于25°，村镇建设区、农业生产区、风景旅游区等人类活动频繁区域，水土流失、农业面源污染和生产生活污水、垃圾污染较集中，废弃矿山等开发建设废弃地以及大面积裸露荒坡多的区域。

第三道防线，生态保护区，位于流域下游沟道及河湖道防洪蓝线两侧以及周边地带，一般为河川地、河滩地等滨水区域。

除三道防线的建设外，生态清洁小流域综合治理还涉及污水处理、生活垃圾处理以及地埂生物化等方面，将“防洪、水保、水生态、景观、保洁、管理”等多个方面相结合。防洪仍然是生态小流域治理的根本，小流域防洪将工程措施与管理措施相结合，通过堰坝防洪、护岸防洪、水库调蓄、防洪监测、防洪预警等起到防洪与生态相协调的作用；小流域水质净化成为流域治理的重点，小流域净水有堰坝沉淀净水、水生植物净水、人工湿地净水、增氧曝气、放流滤水鱼等，将物理、生物处理相结合有效控制了点源面源污染源，实现流域水质的净化；小流域生态景观是流域治理的提升，景观堰坝、水滨植物、岸坡植被、游步道路、景观建筑、人工湿地等为小流域治理添色。

北京生态清洁小流域三道防线综合治理模式提出后，全国多地开展了对生态小流域综合治理的探究和建设。

浙江省开展了水土流失综合治理工程、生态修复工程、河道综合整治工程、人居环境综合整治工程、生态农业建设工程、面源污染治理工程和监测预防工程等7类21项工程。其中，水土流失治理按照“山、水、田、林、路”的治理原则实行坡改梯、植树造林、工程措施等，都取得了一定成果。

现阶段国内生态清洁小流域建设的大环境条件较好，产生了《生态清洁小流域技术规范》（DB11/T 548—2008）和《生态清洁小流域建设技术导则》（SL 534—2013）两项影响较大的技术规范成果。在这两项技术规范的指导下坚持生态优先和人与自然和谐的原则，在治理水土流失、绿化、美化环境，提高生态质量和环境品位的基础上，构筑三道防线，结合农村产业结构调整，在达到保护水源的同时，保证流域粮食安全、水环境安全、景观协调，以促进流域经济社会稳定持续发展，是小流域治理要达到的新境界。当前海绵城市和生态服务是平原区生态清洁小流域建设的两大主题，而美丽乡村和农民参与决策是山区的两大主题，其本质是我国城乡水土保持生态环境建设事业的新发展。

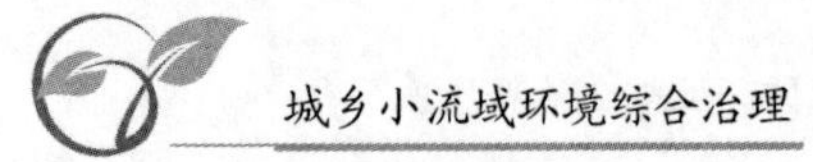

2.2.4 完整小流域综合措施体系形成

20世纪80年代以来，中国小流域综合治理研究在土壤侵蚀机制、抗蚀性、抗冲性、预测预报、综合措施和效益评价等方面均取得了一系列重要成果，其中综合措施方面已形成了一套完整的综合措施体系。其主要内容如下。

2.2.4.1 用高科技手段进行小流域治理规划

小流域治理规划是小流域治理的核心内容。在规划方法上，运用系统工程学理论如灰色系统理论、线性规划、多目标规划和系统动力学等结合GIS和计算机技术，根据小流域自然、社会经济条件对小流域进行结构优化，使小流域治理在科学规范的基础之上。运用系统工程学理论进行小流域治理规划，是对以往人为定性规划方法的重大突破。

2.2.4.2 建立综合防治体系

综合防治体系主要体现于工程、生物和耕作措施紧密结合。工程措施包括坡面防护工程、沟道治理工程、山洪和泥石流排导工程及小型蓄水用水工程。其中，坡面防护工程主要有梯田、水平沟、水平阶等，主要通过改变微地形来防止坡面水土流失，就地拦蓄雨水，为作物、林木和其他植物生长增加土壤水分，同时可为完全拦蓄的地表径流引入小型蓄水工程，进一步加以利用；沟道治理工程包括沟头防护工程、淤地坝、谷坊、拦沙坝、骨干坝等，主要用于防止沟头前进，沟床扩张和沟底下切，减缓沟床纵坡比降，调节山洪流量，减少山洪或泥石流的固体物质含量，使其安全排泄；山洪和泥石流排导工程包括排洪沟、导流堤等，主要用于防止山洪或泥石流的危害；小型蓄水用水工程包括水库、蓄水塘坝、淤滩造田、引洪漫地、节水灌溉等，主要用于把地表径流和地下径流拦蓄起来，变害为利。不同的工程有不同的施工技术，可因地制宜地选择使用。

生物措施是保持水土的根本性措施。主要包括人工造林种草和封山育林育草。生物措施主要的作用在于增加地表植被，保护坡面土壤不被雨滴击溅和暴雨径流的冲刷。近年来，在小流域治理中，强调营造生态经济型防护林体系，即多林种和多树种相结合，形成稳定结构，其目的一是充分发挥林分特有的生态功能；二是为社会提供更多的林产品，提高经济效益。种草措施就是在小流域中，根据其畜牧业发展的要求，选择土壤条件适宜的坡面，人工种植优良牧草，一方面通过汛期植被覆盖坡面，减少水土流失；另一方面为畜牧业发展提供充足的饲料。

水土保持耕作措施又称水土保持耕作法。在我国有悠久的历史，方法也较多，大体可归为三类。一是以改变微地形为目的的措施，包括区田、垄作区田、

水平沟、抗旱丰产沟、等高耕作等；二是以增加植被覆盖度为目的的措施，包括间作套种、复种、草田轮作、草粮等高宽带间作，休闲地种植绿肥；三是以改良土壤为目的的措施，包括深松、增施有机肥、绿肥压青、铺压沙田等。

2.3 国外小流域治理发展历程

根据对国外民众小流域水土流失灾害的认识、小流域治理思想的发展，以及对小流域综合治理的研究，国外小流域治理可以分为三个阶段。

2.3.1 山洪泥石流等重大灾害防治阶段

这一阶段，由于山区小流域的泥石流和山洪灾害，引起当地政府的注意，也促使人们开始了山区小流域治理的探索。早在15世纪，阿尔卑斯山区的居民、村镇自发地实施了以防治山洪泥石流为目的各种措施，但这些措施仅局限在山区小流域的冲积扇范围，治理的效果十分有限。19世纪40年代SURREEL发表了《Etude surles torrents des Hates Alps》一文，提出了整山治地的政策性方案及恢复森林植被的技术方案。塞肯道尔夫结合法国山区小流域治理的思想，建立了奥地利初期的山区小流域治理体系。日本学者诸户北郎博士，在本国治山治水传统思想的基础上，吸收了欧洲山区小流域治理学的科学思想，于1928年创立了具有日本特点的沙防工学。这一阶段山区小流域治理主要以防治山洪和泥石流为目的，以工程措施和造林措施为主，其成功之处主要体现在两个方面：第一，综合配置山区小流域治理措施，同一治理区内工程技术措施与经营措施和造林措施相结合；第二，治理项目的集中管理，治理措施的集中实施。

2.3.2 流域综合治理阶段

在这一阶段，人们认识到了河流系统的整体性，小流域的水土流失会造成下游江河湖库泥沙淤积，开始定量研究山区小流域侵蚀产沙机理及不同治理措施下径流及侵蚀量的变化，山区小流域治理开始融入水土保持的内容。这一阶段山洪泥石流防治方面的研究开始走向定量化，从水文学、地质学、水利工程学等不同角度进行了细致入微的研究。同时，围绕侵蚀和径流变化，欧洲和北美学者深入研究了各类种植措施减少径流和土壤流失的效果。大量研究表明，种植人工植物篱笆和免耕措施可以大大减少地表径流和土壤流失，在坡底种植窄草带可以显著减少土壤侵蚀量。另外，大量的水蚀预报模型的问世，对山区小流域治理的实践有重要的指导意义。其中以美国的USLE、RUSLE、WEPP，欧洲的EUROSE、LISE，澳大利亚的GUESy最具有代表性。这一阶段的理论研究和山区小流域治理的实践表明：第一，除了一部分山区小流域具有发生泥石流的危险外，山区小流域普遍存在着水土流失；第二，工程措施支持下的林业措施对山区小流域治理起着关键作用，健全的生态系统和森林使降水有调节的均匀流出，也使泥石流和山洪得到了有效的控制。

2.3.3 小流域治理的持续发展阶段

近年来，人们认识到了小流域的诸多资源特性，要承载一定的人口，可持续利用山区小流域资源，保持“人—小流域”生态经济系统的稳定和协调成为这一阶段小流域治理的新目标。

人们开始用“混沌”“灾变”“分形”“细胞目动机”“遗传算法”和“等级”等概念和理论来描述小流域这样的复杂系统。从维护河溪生态系统平衡的观点出发，认为小流域近自然治理是减轻人为活动对河溪的压力、维持河溪生境多样性、物种多样性及其生态系统平衡并逐渐恢复自然的可行性工程措施。同时，这一阶段的小流域治理。引入了生态经济学、景观生态学、生态水文学的观点及可持续发展的原则，集中体现在小流域治理思想上的几点转变：第一，将小流域周围居住的人，视为小流域的一部分，从整体上考虑人—小流域系统结构与功能，及其可调控性；第二，对小流域作为一种自然景观及物种资源库的功能有了新的认识；第三，小流域治理融入了管理学的思想，从过去单纯地改造自然环境转向对人这一微观主体在小流域利用和开发过程中的约束和激励。

2.4 国外小流域治理方式及进展

随着流域管理的概念逐渐广为人知，每个国家都依据本国的国情，不同程度地进行了许多小流域治理的探索和尝试，展开了流域管理的工作，但由于世界各国的自然条件和社会经济发展状况不同，小流域的治理起源时间和治理成效、治理方式各具特色，治理中研究的侧重点各不相同。

2.4.1 美国

美国小流域治理起源于 1934 年 5 月 11 日“黑风暴”之后的水土保持运动，是全球进行流域管理较早及流域治理投资较多的国家，其中有许多先进的理念值得我们学习。

美国自 19 世纪 50 年代起到 1907 年农业部颁布《土地保护法》之前，农民已经使用工程措施防治耕地的水土流失危害。20 世纪初，有土壤专家就提出美国西部地区由于滥砍滥牧造成严重的水土流失危害。1914 年，美国已有了农牧区径流量及径流强度的资料积累。1915 年，美国林业局在犹他州布设了美国第一个水土流失观测小区。之后，Miller 于 1917 年在密苏里进行小区水土流失观测。1923 年美国第一次出版了野外小区水土流失观测成果。美国著名的水土保持学者 Bennett 在此基础上于 1928 ~ 1933 年建立起 10 个田间水土保持试验区。

1933~1943 年，上述 10 个试验区扩大为 44 个试验区网，包括工程措施的水土保持效益观测及小流域径流的观测。

同时 19 世纪 30 年代，美国的贝佛、博斯持、伍德伯恩和马斯格雷夫开始研究雨滴溅蚀土壤的机制。1940 年，劳斯完成了第一个关于天然降雨溅蚀土壤的详尽过程研究。埃利森在此基础上于 1944 年又完成了雨滴对土壤侵蚀作用的第一个研究。1954 年美国设立了专项课题组研究侵蚀作用机理，使用现代化的方法对大量的野外观测资料进行分析。同年国会通过的公共法第 556 号法案授权农业部在技术和财政上协助地方组织规划和实施小流域治理计划，使小流域治理工作日益普及。

1956 年又提出了著名的“通用土壤流失方程式（USLE）”，20 世纪 60 年代又根据多年土壤侵蚀观测和研究资料，采用现代技术建立起侵蚀的数学模型，用于研究土壤侵蚀机理。

自 20 世纪 60 年代美国现代环境保护运动开始，小流域作为自然的经济体系，即生态体系，进入科学的研究阶段。随着研究的深入，人们发现由于干扰因素的存在，小流域生态区没有像“演替顶级理论”认为的那样“自然地”达到一种稳定的、良好的状态，而是伴随着一系列灾害，生态环境恶化了。特别是美国生态学家伯特博尔曼和吉恩利肯斯在新罕布什尔哈伯德河地区六个“小水域生态系统”的研究结果表明，小流域生态区的干扰因素，尤其是人类活动的干扰，增加了生态区的不稳定性；小流域生态区是一个非稳定的、变化的系统。为了优化小流域生态环境，人们开始计算小流域生态区系统保持稳定状态的种群水平，然后在不影响系统的完整平衡的情况下，计算出小流域的生产量、树木砍伐量及吸收污染物的数量等。很显然，这些研究对加强小流域生态区的管理，改善小流域的生态环境具有指导意义。

20 世纪 80 年代，美国又建立了土壤侵蚀与生产力关系的计算模型（EPIC），该模型可以模拟土壤侵蚀与生产力关系、植物的生长及有关过程，从而决定最佳的田间管理策略。这期间，美国开展了横跨欧、亚、美洲的若干个国家联合研究，以期预报全球土壤侵蚀和粮食发展趋势。20 世纪 90 年代以后美国推出新一代土壤侵蚀预测预报的计算机模型（WEPP），可对沟蚀和沟间侵蚀及泥沙运动机理进行物理性描述，是一个基于侵蚀过程的机理模型。例如在农田、坡耕地、山地等不同地区该模型可以预测土壤侵蚀以及农田、林地、牧场、山地、建筑工地和城区等不同区域的产沙和输沙状况。可以说美国在土壤侵蚀机制方面的研究始终处于世界领先地位。

由于美国地势平坦，丘陵山地不高，0°~2°平地占国土面积的 48%，2°~11°占 49%，大于 11°的仅占 2%，大部分区域没有完全发育的沟道，侵蚀量仅占总侵蚀量的 17%。因此，美国作为一个地势相对平坦的国家，其水土流失灾害由于发生的几率较小，小流域治理阶段主要以治理坡耕地为主，很少有综合措施。采取的措施主要是水土保持耕作措施，如等高耕作、等高缓冲带状耕作、草粮带状种植等。另外，也采取简单的梯田措施，即在坡面沿等高线堆起一条地埂，类似我国的坡式梯田。由于坡度变化小，梯田的修筑及面积多以长度表示，通常梯田宽度设计为 50m，1km 地埂可保护 5.0hm^2 耕地。

目前，美国对小流域的管理和规划已广泛引入高科技手段，关注点是小流域整体的管理，其核心是保护和恢复生态系统的完整性，以便于充分发挥其生态系统的服务功能。治理的原则是将流域作为一个整体的自然生态系统，因地制宜地实施由多学科、多方参与和支持的多目标科学规划。例如，在圣地亚哥地区的农业开发带选择一个小流域，采用资源、经济与生态相结合的系统研究方法，以及计算机管理手段和地理信息系统技术，实现对综合开发项目及复杂、渐变的治理过程的追踪和控制，已取得了显著的经济效益和生态效益。

2.4.2 欧洲

在欧洲，小流域治理起源于山地整治，为了防治山洪、泥石流灾害，政府主管部门耗费了大量的金钱治理荒溪、整治山地、防治雪崩，并建立了该区新的经济体系。文艺复兴之后，围绕因滥伐山地森林而引起的山地荒废，阿尔卑斯山区各国，如奥地利和瑞士等国，采取了以恢复森林为中心的山区荒溪流域治理，如保护山区自然环境、保护水土资源等。19 世纪中期，随着欧洲工业革命的开展，大量的森林被采伐，造成了土地大面积裸露、土壤贫瘠等问题。奥地利于 1884 年制定了世界上第一部“荒溪流域治理法”，建立了一套完整的防治山洪和泥石流的森林工程措施体系。1902 年瑞士制定了森林法，不仅极大地推动了小流域治理工作，也使得该法律成为世界上第一部涉及小流域治理技术的法律。苏联学者在 1917 年以后集成了道库恰也夫、柯斯特也夫等人的景观学说，提出了山区流域治理的措施体系，包括规划经营措施、森林改良土壤措施、农业改良措施及水利改良土壤措施。除此之外，德国、意大利、罗马尼亚、西班牙、南斯拉夫等国在 20 世纪前 30 年开展了大量的小流域治理工作。法国、意大利、瑞士等国都对小流域的治理方式进行过较深入的早期研究，他们主要采取了制定法律、设立专项机构、资金扶持等措施，并取得了一定成效。

随着欧洲山区人口数逐渐上涨，由此导致的土壤退化、山洪及泥石流等地质灾害日趋频发，欧洲人开始重视以流域为单元，采用流域与山地的综合治理来管理山地；同时，不断增长的对水资源的需求，山区自然资源的丰富性和其多效性，以及山区农畜牧业的生产方式，要求当地人更要加强对山区各类自然资源的科学保护，尤其是水土资源的保护、开发与合理利用。如澳大利亚在流域治理中合理编制小流域及地区土壤保护计划，强调流域治理和经营管理主体相统一，以

提高当地土地生产利用程度。欧洲于1950年成立了欧洲小流域工作组，作为欧洲林业委员会的下属机构，进行流域管理工作。

20世纪70年代，欧洲对山地流域的治理主要集中在5个方面：山洪防治、预防雪崩、山区水土保持、山区土地利用、山区流域管理的直接效益和间接效益，尤其是林地的利用。90年代，欧洲关注的主要目标是山区生态系统的可持续发展，主要手段是数据采集、技术集成、监测评估以及信息共享等。其中，关注的重点是改善山区的社区发展和生态系统的可持续发展，对山洪控制、雪崩、危险区划分以及预警。不仅如此，由于社会经济的进一步发展，人们对环境和生活质量的需求逐步提高，传统的荒溪治理存在的一些问题逐渐引起人们的重视，即实现荒溪治理的多目标的要求，应该包括充分利用自然资源，防止山地灾害，提高荒溪流域的生态服务功能，这样促使欧洲提出了近自然治理的新体系。“近自然治理”是按照荒溪的自然和社会经济概况，按照荒溪治理多功能、多目标的要求提出的以工程和生物措施相结合的生物工程措施体系，建立人和自然相互协调、能充分发挥生态系统多功能服务的一种治理模式。主要的工作程序包括荒溪分类、工程方案的多功能（包括生态、水文、泥沙、景观、生物多样性、人类活动等）分析、决策、预测。

目前，欧洲流域治理的主要议题是综合考虑森林和水的整体问题。

2.4.3　日本

2.4.3.1　小流域治理特点

日本是一个多山，降雨量多而集中，且土壤中含有过量的火山灰，自然灾害多发的国家，其水力侵蚀十分严重，几乎所有的山区都存在水土流失和泥石流灾害。日本自1868年以后开始重视山区荒废流域治理。日本的传统思路和欧洲很相似，即“治水在于治山”，主要目的是防治山地灾害，着重研究山区径流形成机制和泥石流的勘测、预报和防御措施。在治理中以工程措施为主，如在上游修建谷坊，在下游修建堤坝。在“治水在于治山”的传统思想的指导下，1928年诸户北郎博士将本国传统治理山水知识精华与欧洲山区小流域治理技术结合起来，创立了独具日本特色的沙防工学。其治理思路一方面是结合日本的自然环境特点，以防治山洪和泥石流为目标，坡面以工程造林措施为主、沟道以固床和护岸工程为主，综合布设各项措施；另一方面是治理项目采用集中管理的形式，治理措施的实施也相对集中。

日本山区的小流域治理同时注重森林生物措施——绿化工学，对山地的毁坏地采取不同形式的植被护坡措施，同时注重防护林的经营与管理，使得林木植被得到了很好的保护。灾害防治的工程措施包括滑坡防治工程、泥石流防治工程和崩塌防治工程，“软防治”措施包括警报和预报两类。森林流域管理体系为：

(1) 为了最大限度地发挥森林多种综合功能，以流域为基本单位，国有林实行分类经营，地方政府负责管理民有林，监督和管理民有林按照森林计划的措施实施；(2) 以流域为基本单位，根据地域特点，以整个流域为对象，确保森林作业、林业生产加工及流通得到必要保障，从而使得林业管理和木材生产得到完善。

河川治理以河川自然生态化、保障河流生态系统的健康持续发展为目标，制定河流治理计划，治河工程主要采取河流、湖泊水质管理、河岸带保护等措施，由单一的河川治理转变为多自然河川治理，并推广应用治河生态工程措施，实现流域生态系统的完整性和功能的多样性，使河流的生态环境和生态系统得到改善，实现生活和生态环境的协调和健康。

从流域管理的角度，从水文化、水环境、水质和水量、水灾害的角度统一考虑流域管理问题。其主要研究内容包括人与自然共生和都市再生技术、流域圈的综合管理技术。流域圈的综合管理技术包括对流域内生态系统的综合质量监测，辨析生态系统的影响因素和变化机制，建立流域动态管理模型，预测流域生态系统的变化趋势；河流生态系统主要研究水生生物与河流形态、水文循环、栖息地以及河流演变之间的相互作用及影响机制；河流生态恢复研究主要包括：河流生态系统的保护与恢复、富营养化防治技术、河岸带绿化与恢复。

2.4.3.2 小流域治理法规

日本作为一个自然灾害多发的国家，为降低水土流失带来的损失，不仅在治理措施方面取得较好的成就，在立法保护方面也较为完备。

自1897年以来，日本先后出台了多部流域治理和水土保持方面的法规法律，如《砂防法》《治山治水紧急处置法》等。1951年修订的《森林法》和1954年制定的《防护林经营管理临时措施法》中明确规定森林基本计划及防护林经营管理计划应在按流域确立的区域内制定，1991年《森林法》修改后确立的流域管理体系使这一想法得到落实。1969年《陡坡崩塌防治法》、1972年《山川防治法》《河川法》《砂防实施细则》颁布，1975年颁布了《水土保持行政监督令》，1980年出台了《关于地方政府和公共团体负担水土保持工程费用的政令》等。1990年，在水资源管理和利用、河流的恢复和保护方面，颁布了《近自然工法》《河川法》；1996年颁布《河川工法》《多自然型治川计划》，控制水土流失。近年来，日本政府又在其规定的基础上制定了《水资源开发促进法》和《水资源开发公司法》等。

2.4.4 印度

2.4.4.1 小流域治理的举措

印度国土面积330万平方千米，根据年降水量情况，印度30%的面积可划为

干旱区（0~750mm），只有8%的面积为湿润区（>750mm）。降雨在年内的分布很不均衡，75%集中在每年6~9月的季风期，地区分布也很不均匀，年降雨低于750mm的地区面积占国土面积的28%，年降雨量750~1000mm的地区面积占土地面积的20%。据印度中央水资源委员会估计，地表水资源量约18690亿立方米，但受地形、气候等所限，能使用的地表水仅6900亿立方米。平均每年更新的地下水资源约4320亿立方米，可利用水资源总计11220亿立方米。由于人口的增长较快，人均水资源拥有量呈快速下降趋势，1995年人均水资源5300m^3，20世纪90年代初下降到2200m^3，而全世界、亚洲人均分别为7400m^3和3240m^3。水和人口分布不均匀，在东部泰米尔河地区人均水资源仅380m^3，而在南部巴拉赫河流域人均水资源高达18400m^3。总体上，印度占有约世界2%的陆地面积，水资源约占全球的4%，而养育约18%的世界人口和15%的牲畜。保水和防治水土流失是印度的一项基本国策。

印度的小流域治理始于20世纪50年代。近几十年印度在小流域治理上已投入了大量的资金，土壤侵蚀、渍涝和盐碱化防治工作也取得了很大的成绩。主要举措有：

（1）1956年在台拉登（Dehardun）组建了国家水土保持研究和培训中心，开始了早期的小流域开发活动。1974年在Sukhs等地组建了ORPS。

（2）农业部启动了干旱地区开发计划和土地开垦计划，国家林业部和生态发展署启动了一个保护退化林地的计划。世界银行等国际金融组织和一些发达国家的国际合作组织为土地开垦计划提供了援助。

（3）在第七个五年计划中，印度政府启动了一个雨养农业区小流域开发计划（NWDPRA），1984~1985年，在4400个小流域实施了这一计划，覆盖面积420万公顷，这些项目的类型包括集雨灌溉工程、土地平整、增强植物的保水能力、拦截工程、植树造林等。1986年印度为解决干旱半干旱地区16个邦的干旱问题，开展了国家流域发展计划（National Watershed Development Programme，NWDP），来解决干旱区居民免受频繁发生的旱灾所带来的困苦和生存问题，该计划可以看作是一个生存计划，其突出特点是以流域而不是行政区划作为基本的发展单位，流域作为一种联系更紧密、条件更为相似的地区被认为更适合开展各种各样的发展措施。流域发展计划的目标包括：1）促进土壤和水资源保护；2）恰当使用土地以增加土地生产率；3）促进公共土地中非可耕地的正确管理，同时保证必需的生物量的增加，以保持生态平衡和满足当地人对草料、燃料、纤维制品和木材等的需要。

（4）在总结经验教训并同非政府机构、专家和研究机构进行广泛协商后，1994年农业开发部颁布了《小流域开发导则》。据统计，印度政府、世界银行以及国际机构对印度的流域发展计划提供了大量的资助，主要在印度的中央邦、北方邦等地开展，仅印度政府的投入就超过35亿美元。实践表明，流域发展计划开展后，减少了水土流失，生态环境也相应得到了恢复，水分得到保证之后，粮食、蔬菜和香料的生产也相继呈现出增加的态势，提高了农业产量和生产率，极大地促进了旱地农业的发展，增加了农民的收入，同时增加了就业机会。流域发展计划相对于印度现行的有关政府计划，具有比较大的优越性，特别是在那些自然条件较为恶劣的地区。

（5）2001年为了更好地推进流域发展计划，制定了新流域发展计划导则，该导则以参与式作为主要的一个制度，让流域社区的民众共同参与流域发展计划制定、实施、监督和管理以及收益分配。还针对过去流域发展计划中一旦项目到期或外部援助机构撤走该流域的后续发展问题，重点加强了潘查亚特（Panchayats）全面参与流域发展计划。同时还强调流域发展计划中应当包含详尽的退出协议，对项目结束后流域发展基金的管理和使用也做出特别的规定。印度的流域发展计划以水土保持为基础，因地制宜地发展多样化农业，提高土地生产力以满足水土保持、公众生产和生活的需要，被印度政府看作是解决旱地农业问题的最有效措施之一。

2.4.4.2 水土保持和小流域开发的管理体制

对水土保持和小流域开发的管理，印度政府采用的是由发起的部门牵头，有关联邦、州和区政府机构，非政府组织，国际资助机构和当地社区共同参与，以流域为单元，按项目管理的体制。涉及的主要部门有：（1）国家层：农业部、联邦农村开发部、环境和林业部、联邦计划和实施部、各个大流域综合开发项目。（2）邦层：邦政府、林业部门、州农业大学、水土保持部门、区域资源管理协会、区域农村发展署。

2.4.5 尼泊尔

尼泊尔从第3个五年计划（1965~1970年）开始，对防止水土流失和开展流域管理工作的重视程度逐渐加深。为了与国家农林业发展的政策方针同步，尼泊尔土壤及流域保持部经过长期系统的规划和整改，将土地利用发展规划和社区流域综合管理两个项目作为重点建设目标。（1）土地利用发展规划是合理利用和管理流域资源的基础，一般是根据政府部门的指导方针所制定，其主要内容包括：1）亚流域分级；2）流域管理规划；3）亚流域管理规划；4）土地利用发展技术服务。（2）社区流域综合管理项目主要包括两部分：土地生产力的保持和基础农业设施保护及建设。土地生产力保持项目的主要目的是通过在土地生产力能承受的范围内对土地进行适当的利用管理，从而提高土地生产力，其内容有：农地水土保持、提高梯田生产力、退化土地的恢复、发展坡地农业科学技

术、发展复合农林业、种植果树、饲料林的种植以及畜牧业管理等。基础农业设施保护及建设是一项集保护和建设（如水库、灌溉设施及道路等）基础农业设施于一体的项目，其目标是提高农业基础设施的经济寿命。项目主要内容包括坡路的加固、改进灌渠、溪流堤岸防护、防风林带、绿化带及缓冲带的建设。主要采取的措施包括：（1）农林牧措施：在水土流失较为严重的地区通过植树造林、栽种牧草、禁止开荒或坡地改成梯田等形式来增加植被，从而减少水土流失；（2）水利工程措施：在流域内修建谷坊、塘、堰、小水库等工程来控制土壤侵蚀，减少水土流失。

目前，尼泊尔面临的主要问题是未能全面考虑长期的水文平衡和经济利益，上下游之间没有建立紧密的联系，同时政府、社区、非官方和私人机构的多方参与的协商和调节机制也是急需解决的难题。

2.4.6 亚洲其他发展中国家

亚洲国家由于历史、经济等原因，大多属于发展中国家。由于山区人口日益增多，游牧农业迅速发展，加之对水土保持缺乏应有的知识，森林采伐利用不合理以及过度放牧，这些发展中国家山区流域退化问题十分严重。如今，各国政府已开始注意加强山区流域治理。目前发展中国家在流域治理方面的基本情况是：有些国家的防治工作只注意下游（在下游修堤坝，分洪措施）工程措施，忽略了上游的流域综合治理；许多国家虽然制定了法律来保护流域内原始森林，防止滥伐及火灾，但实施不力，如泰国、印度尼西亚等；采用资助农民发展混农林业的方法来进行流域治理；不少国家的政府在林业部门设立了流域治理机构，开展流域治理工作，如巴基斯坦、印度、尼泊尔、伊朗、土耳其等。联合国粮农组织（FAO）、教科文组织（UNESCO）除了从技术培训方面援助发展中国家的流域治理外，还拨出经费，立项支援发展中国家开展流域治理。曾经获得资助项目的国家有尼泊尔、泰国、巴基斯坦、印度等国。中国林业、农业和水利部门也曾获得粮农组织流域治理的援助。综观亚洲发展中国家的流域治理工作，地方政府的大力支持是管理过程中的关键，必须明确所有相关行政机构的规划和实施方案，建立完备的体制对小流域治理的顺利开展并发挥成效起着十分重要的作用。不仅如此，流域治理的法律条例对整个实施过程有着很好的支撑作用。

目前开展流域治理较好的亚洲国家有印度、巴基斯坦、尼泊尔、泰国、印度尼西亚等，这些国家共同的特点是虽缺乏深入系统的理论研究，但注重治理措施技术，以植物措施为主，配合农业措施、工程措施。韩国治理首尔的清溪川河，参考国外成功的案例，拆除沿河高架桥，并贯通该河于首尔东西两端，应用复合技术，不单纯地单目标治水，注重动植物、景观建筑、防洪构筑等，保留原生态与历史建筑遗产，保障了河道与流域的特色，是对河道绿化及历史建筑进行较好结合的典范。越南、老挝、斯里兰卡、孟加拉国、印度尼西亚、菲律宾、柬埔寨和泰国，为达到降低贫困率，提高当地居民的生活水平，保护林业资源和生物多样性，提高森林的经济效益，减轻洪水等自然灾害，保护水资源和开展社区基础设施的建设目标，开展了系列流域管理工作，取得的主要经验有：（1）通过提高政府机构对流域管理的力度，明确管理制度的授权情况，鼓励所有相关利益者之间进行沟通与学习，使政府和相关利益者紧密连接，加强彼此之间的纽带关系；（2）需合理评估流域治理出现的问题，从发展过程的短板处挖掘潜力，通过加强基线调查（主要包括相关数据和信息的编译和分析），合理评价土地利用规划、开发以及投资者之间的利益关系，确定影响水质、水量的主要原因，明确亟待解决的问题，为未来规划水供应管理（Water Supply Management，WSM）和流域治理工作提供数据和技术上的支撑；（3）大力开展水供应管理（WSM）计划的工作，在未来 20 年的长期目标中，确保在 5 年之内确定治理流域问题的解决方案，为相关政府制定流域管理机制和更新治理内容提供一定的帮助；（4）在相关资金的支持下，合理安排和规划项目的预算，确定可用资金的情况，根据资金来源编制总预算，协作完成相关工作；（5）建立监测调查小组，做好流域治理和管理工作的跟踪调查和监测工作，仔细检查项目的进展情况，对出现的问题进行修正，共享相关利益者与决策者在工作过程中的经验教训。

在未来的工作过程中，亚洲流域治理工作依旧面临着一些挑战，主要体现在：（1）对当地社会经济的发展、土地利用、投资以及其他相关计划进行合理的整合，使其能够各尽所能，各执其职；（2）为流域管理和治理提供财政支持，确保相关工作的顺利开展；（3）完善流域治理的水平协调机制，提升管理水平。

2.4.7 非洲

非洲具有水资源匮乏、人均占有量低和流域退化等特点，这些问题长期以来一直威胁着非洲国家当地的环境和居民生活。小流域治理主要集中在南非、肯尼亚、津巴布韦、喀麦隆、刚果以及尼日尔河流域。非洲河流或水资源往往是由多个国家共同拥有的，因此他们更加注重水资源所经流域国家的合作管理和有效利用。如基于尼罗河为跨界河、水资源有限、分配和开发利用不均、流域国家贫穷及环境恶化的现状，尼罗河流域国家为求发展逐步放下分歧，积极加强谈判和协商，并于 1999 年成立了一个代表流域共同利益的临时流域管理组织，即尼罗河流域倡议行动组织（NBI），其基本管理模式是以一个政府间合作机构为核心、两大战略行动规划为基础、流域沿岸 9 个国家（布隆迪、刚果、埃及、埃塞俄比亚、肯尼亚、卢旺达、苏丹、坦桑尼亚和乌干达）开展的合作项目为支撑的水资

源跨界协商合作管理模式（图 2-1）。在 NBI 总体规划和指导下，该模式坚持以“促进沿岸国家公平共享尼罗河水资源，实现社会经济的可持续发展”为目标，其下设 3 个子机构：尼罗河部长委员会（Nile-COM）、尼罗河技术咨询委员会（Nile-TAC）及尼罗河秘书处（Nile-SEC），分别负责政策项目的制定规划和融资工作，项目评估和技术咨询，以及行政、财务和后勤工作，三个部门分工合作、相互协调，逐步开展了两大战略行动规划，即共同远景计划（SVP）和辅助行动计划（SAP），如图 2-1 所示。辅助行动项目（SVP）共 8 个项目，SAP 包括东尼罗河辅助行动项目（ENSAP）和尼罗河赤道湖区（NELSAP）。尼罗河两大战略行动规划在全流域的框架下创建有利的合作投资开发环境，从而分区域分阶段高效实施项目行动，确保成员国间水资源协调管理及流域信息共享。

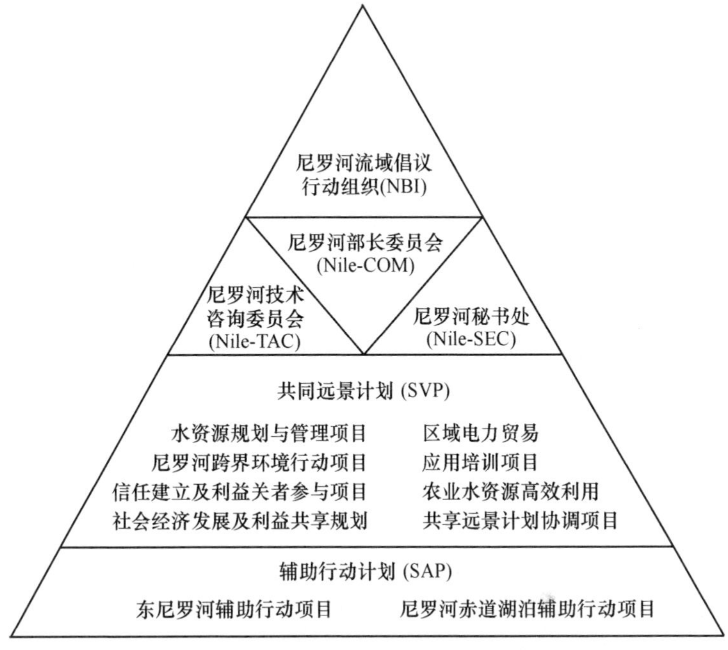

图 2-1 尼罗河流域水资源基本管理模式

可以说，NBI 的成立是尼罗河水资源管理上历史性的转折。尼罗河沿岸国家从过去仅仅关注本国利益采取单方面的水资源开发行动，到目前逐步加强信任，保持持续的合作伙伴关系，实施了一系列水资源开发、管理和生态环境保护的国家间合作项目，致使每年尼罗河灌溉和发电的直接经济效益达 70 亿~110 亿美元（未包括基础设施投入与运作费用）。尼罗河流域的跨界协商管理开创了尼罗河水资源流域跨界协商管理的新开端，经过 20 余年的发展，虽然也存在一些无法回避的问题，但在一定程度上使流域沿岸国家资源和社会经济利益得到有效的分配，产生了持续的经济价值，为发展流域国家社会经济、保护流域生态环境、缓解和解决流域水纷争做出了极大的贡献。

非洲小流域治理项目工作主要是由联合国相关部门资助和主导完成的，有成功也有失败，失败的主要原因有：贫困作为最重要问题之一，往往对流域管理存在着多方面的影响，流域资源的拥有者和政府部门更多的是关注短期利益，如贫困率的降低，而忽略长期的基础设施、资源保持和技术能力的建设；过度注重自然资源的保持，缺乏对当地居民自身需求的关注，忽略了参与各方的利益，受到尺度限制，缺乏长期的考虑等。因此，新理念方法的发展是为了扭转流域的退化以及建立起完善的农业和农村经济体制。为了实现这样的目标，流域管理需要对社会和经济方面给予特别的关注，着重强调方案及项目的制定实施。此外，公众的参与也成为流域管理计划成功的关键。

根据上述对国内外小流域治理的全面评述，可以看出，发达国家的小流域治理注重土壤侵蚀机制和水土流失预测预报方面的研究，工程施工采取机械化；而发展中国家由于人口、环境、资源问题的日益突出，大多数国家注重综合措施体系和综合效益方面的研究，工程措施采取人工方法。总体来看，小流域的发展在欧美等先进行治理的国家有很多值得学习的地方。未来，我们必须用科学发展观的思想，将系统科学理论、生态经济理论和可持续发展理论及3S技术应用到小流域的治理当中。力求实现小流域经济和区域经济的可持续发展，达到高效、优质、生态的小流域治理成果，是世界各国小流域治理发展的方向。

2.5　小流域环境综合治理与乡村可持续发展

2.5.1　可持续发展的内涵

可持续发展（sustainable development）的概念最先在1972年斯德哥尔摩举行的联合国人类环境研讨会上正式讨论。20世纪80年代可持续发展概念在国际社会得到广泛的重视和普遍的认同。自此以后，各国致力界定“可持续发展”的含义，现时已拟出的定义已有几百个之多，涵盖范围包括国际、区域、地方及特定界别的层面，是科学发展观的基本要求之一。目前世界公认的定义是1987年世界环境与发展委员会出版的《我们共同的未来》报告中，挪威首位女性首相Gro Harlem Brundtland界定的，她将可持续发展定义为：“既能满足当代人的需要，又不对后代人满足其需要的能力构成危害的发展。”它包含两个基本点：一是必须满足当代人基本需求；二是当代人的发展应该是健康的、节制的，不能损害后代人满足基本需求的能力。可持续发展思想的核心，在于正确规范两大基本关系：一是“人与自然”之间的关系；二是“人与人”之间的关系。它要求人类以高度的科学认知与道德责任感，自觉地规范自己的行为，创造一个和谐的世界。人与自然之间的相互适应和协同进化是人类文明得以可持续发展的“外部条

件”，而人与人之间的相互尊重、平等互利、互助互信、共建共享以及当代的发展不以危及后代的生存与发展为代价等，是人类文明得以延续的“内部根据性条件”。唯有这种必要性条件与充分性条件的完整组合，才能真正地构建出可持续发展的理想框架，完成对传统思维定式的突破，最终形成世界上不同社会制度、不同意识形态、不同文化背景的人们在可持续发展问题上的基本共识。依据内涵和中心思想，可持续发展意味着，人们在空间上应遵守互利互补的原则，不能以邻为壑；在时间上应遵守理性分配的原则，不能在“赤字”状态下进行发展的运行；在伦理上应该遵守“只有一个地球”“人与自然平衡”“平等发展权利”“互惠互济”“共建共享”等原则，承认世界各地“发展的多样性”，以体现高效和谐、循环再生、协调有序、运行平稳的良性状态。因此，可持续发展被明确地处理为一种“正向的”“有益的”过程，并且可望在不同的空间尺度和不同的时间尺度上，作为一种标准去诊断、去监测、去仲裁“自然—社会—经济”复合系统的“健康程度”。

2.5.2 小流域可持续发展内涵

小流域河岸带因为土壤肥沃、灌溉方便，远古时代就被选做人们的定居地，因此，也是受人类干扰最多的地带，不同程度地出现退化状态。可持续发展的研究对象是一个客观存在的系统，如何有效度量区域性“自然—社会—经济”复杂生态系统可持续发展能力，一直是流域可持续发展研究的热点和难点。为了维持和保护小流域的健康发展，世界上许多国家都开始对小流域可持续发展进行研究，在很多地方开始实施小流域可持续发展战略。

国外可持续发展研究不仅要求在宏观层次上建立合理的价值观与道德观，同时更强调具体环境下特定制度对人类行为的作用、对发展的可持续能力的影响。国内专家学者从生态学、经济学等不同角度，从可持续发展的基本理论体系、可持续发展评价指标的选择与评价指标体系建立及综合评价模型、可持续发展的规划、可持续发展的保障能力及对策措施等领域研究了流域可持续发展。加强小流域可持续发展综合理论与方法的研究，不断完善不同数量研究方法并有机地结合起来，形成更为有效的小流域发展研究方法体系，是今后区域可持续发展研究的重点与发展方向。

小流域可持续发展的最终目标也应符合可持续发展的要求，可持续发展理论是指导小流域可持续发展的基础。由此，小流域发展可定义为“不断满足小流域人群对生活质量和生态环境质量的要求，既满足流域内当代人的需要，又不对流域内后代子孙满足其需求的能力构成危害，不对流域内各种资源进行掠夺性开采和利用；同时，既能够满足一个小流域人群需求又不损害别的小流域人群满足其需求能力的持续的、稳定的、良性发展”。对于流域可持续发展，北京林业大学教授王礼先主要提出了以下建议：重视自然规律，树立人与自然和谐共存的观点，把流域的生态系统和对自然资源的保护、改良与合理利用紧密结合起来；在全面认识生态经济系统的整体性、相似性与差异性的基础上，合理划分水土保持生态环境建设类型区；在小流域治理过程中要充分体现流域综合治理。在流域治理基础上要重视五个综合，即综合分析（把流域作为生态系统综合分析）、综合规划、综合治理、综合开发利用，最后达到综合效益（生态效益、经济效益、社会效益三者合一）。

2.5.3　国外小流域环境综合治理与乡村可持续发展

乡镇、农村农牧渔业的发展，一方面对水的需求量大，另一方面传统的农耕方式也对土地和林业资源造成不同程度的破坏和干扰，致使一些区域出现生态系统退化，影响到区域社会—经济—环境可持续发展。因此，世界各国越来越重视对乡村生态环境的治理及其资源的合理开发利用研究。特别是对持续高效水土保持生态治理技术的集成研究，正成为区域生态环境建设和持续高效农业的主要内容而备受关注。目前，发达国家正在强化在生态环境治理与保护的基础上，加强水土资源利用效率持续增进的研究与生产设施的配套，注重水土资源的保护、开发和合理利用，尤其是灌溉的自动控制、喷、滴、微灌等节水技术和干旱地区集雨节灌技术，并依靠高科技手段和雄厚经济实力，以农机、农艺和生物技术为依托，用现代工业和工程手段，在生态环境建设与水土资源可持续利用等方面的研究取得显著进展。如美国、以色列、日本等国先后在生态环境治理的基础上提出了精准农业、有机农业、节水农业和生态农业等有关农业发展的战略思想、理论和技术体系；美国、加拿大、澳大利亚和以色列等国家通过水土环境治理与可持续利用技术的集成应用，已将干旱和半干旱农业地区建设成了新型的农业商品基地。

2.5.4　中国小流域环境综合治理与乡村可持续发展

中国的水土保持小流域综合治理从20世纪60~70年代的探索实验，到80年代的全面推广普及，取得了十分明显的生态环境和社会经济效益，促进了乡村的可持续发展，表现在以下几方面。

2.5.4.1　保护和改善了自然资源条件，提高了资源利用效率

小流域综合治理通过科学合理的布设各类防治措施，不但有效地保护了可贵的水土资源，而且也为治理区各类生物资源的生长创造了良好的条件。黄土高原的“梁昴改梯建果园，沟谷坡面灌草涵水源、沟道谷底筑坝淤地建良田”和长江中上游的“山顶陡坡林草戴帽，山腰缓坡改梯经果缠带，山脚平地农田穿靴，

沟冲修塘筑坝建堤防”的治理模式，不但涵蓄了水源、保持了水土，而且为林草植被的恢复、经济林果的生长和农作物的高产稳产打下了坚实的基础。据大量的观测试验资料，坡改梯一般可增产20%~50%，增加蓄水30%~50%，减少土壤流失70%~90%，减少土壤养分流失30%~80%，真正起到保水、保土、保肥的效果。不同的造林整地方法土壤流失悬殊，据黄冈水保所试验，20°坡度，同样降水条件下土壤流失量分别是：全垦整地2200t，块状整地1170t，鱼鳞坑整地741t，水平阶整地680t，抽槽整地567t。造林整地与不整地的土壤含水量与林木生长量也有很大区别。据试验，水平抽槽整地土壤平均含水量是未整地的2.04倍；鱼鳞坑整地比穴栽不整地提高6%的成活率，林木根长多23cm，根幅宽大75cm，株高多35cm，地径粗大0.6cm。再从验收的小流域来看，通过综合治理后，耕地的单产一般提高30%~50%，林草覆盖率增加30%~60%，水资源的利用率提高20%~40%，泥沙流失减少40%~90%，生物品种增多，生物产量不断增加。

2.5.4.2 调整农业生产结构，促进农村经济全面发展

小流域综合治理通过山、水、田、林、路统一规划和连续不断的综合治理，使当地的农业生产结构得到不断调整，自然资源得到合理利用，农村经济得到全面发展。如黄土高原严重水土流失区的榆林地区，通过20多年的连续治理，农村经济总收入中第一、第二、第三产业的比重，已由1978年的78：15：7调整到2004年的56： 26：18。农、林、牧业的比重也由1978年的66：11：23调整到2004年的48：7：45。种植业的粮、经、饲比重也由1978年的95：5：0调整到2004年的64：24：12。产业结构的调整，使资源优势变成了商品优势，陕北传统的小米、绿豆、红豆、荞麦等小杂粮得到恢复发展，并成为享誉海内外的无公害绿色食品。牧草面积的扩大，不但带动畜禽产量逐年上升，而且还促进了农产品加工和经营企业的发展。如榆林已形成以大漠蔬菜、羊老大集团、清涧枣业、银川精米、靖边酒业、榆林毛纺、横山进出口等一大批农产品加工和产业化龙头企业。农业产业化的发展又带动和促进了乡镇企业的发展，加速了农村剩余劳动力的转移，提高了农产品的附加值，增加了农户的经济收入。

2.5.4.3 改善了生态环境促进了可持续发展

小流域综合治理改善生态环境的效益主要体现在以下几个方面。一是通过植树种草，建设经果林基地和封禁治理，不断提高林草植被的覆盖度和森林覆盖率。二是通过综合治理的各类措施，有效地防止了水土流失，降低了水土流失强度。三是通过小流域的连续综合治理，提高了抗御水旱、泥石、风沙等自然灾害

的能力，降低甚至消除灾害损失。四是通过综合治理，使自然资源得到保护和合理开发利用，资源的优势得到发挥，效率得到提高，到提高了资源的承载力和人口环境容量，促进了可持续发展。如全国八大片重点治理区，20 年共完成 2362 条小流域的综合治理面积 4.2 万平方千米，治理的程度一般都在 60%以上，减沙效率都达到 40%以上。赣江治理区的林草覆盖率达到 73.8%，年拦蓄泥沙 60.45 万吨，保土效率达 73.9%。无定河流域的风沙、干旱、霜冻等自然灾害较治理前减少 20%。据河北保定小流域减灾对比分析资料，在相似地形地貌和同次降水条件下，5 条综合治理小流域比 5 条未治理小流域可削减 44%~93%的洪峰量，可减少 93%的直接经济损失。另据宜昌三峡库区综合治理验收资料分析：治理后人均基本农田由 0.062hm^2 上升到 0.077hm^2，人均经果林由 0.024hm^2 上升到 0.05hm^2，人均产粮由 437kg 上升到 526kg。按人年均消费 400kg 粮食计算，可多解决 57412 人的吃饭问题。考虑到综合消费需求，每治理 1km^2 可增加安置移民 25~30 人。所以，小流域治理不但可以改善恶劣的生态环境，而且还可实现人与自然和谐相处的可持续发展。

2.5.4.4 促进了社会进步，提高了人民的物质文化生活水平

小流域综合治理的社会效益：一是改善了人居环境。主要表现在水电供应、交通、通信、住房等设施建设方面。据调查，长江中上游的重点治理小流域，基本实现了村村通电、通公路，自来水的普及率达到 60%以上，通信的覆盖率达到 95%以上，80%的农户住上了砖瓦楼房。就连最贫穷的陕北定西县治理后也实现了粮食自给有余，建水窖 17.2 万个，解决了 23 万人和 30 万头大牲畜的饮水困难。二是提高了治理区人民的科技文化素质。随着经济的发展和生产条件改善，重点治理区不但普及了九年义务教育，改善了办学条件，有的甚至减免了学杂费，农村医疗合作组织和幼儿园、养老院等公益事业也不断完善。特别是优良品种、地膜覆盖、配方施肥、一优两高的农林牧、果菌特等实用生产技术也得到了普及推广。各治理区涌现出了数以万计的各类种养、加工专业大户，而且还基本实现了户均 1 个明白人、掌握 1~2 门实用生产技术的可喜局面。三是加速了脱贫致富奔小康的步伐。我国的贫困人口多数分布在水土流失严重地区。小流域综合治理的实施，加速了中国贫困人口的脱贫致富步伐。据宜昌三峡库区统计，治理区人均纯收入由治理前的 148 元提高到之力后的 1546 元，有 87%的贫困户摆脱贫困。过去“住草房、喝浑水、点油灯”的贫困户，有 60%住上了砖瓦房，80%吃上清洁卫生水，电视、电风扇已基本普及，电话、冰箱、空调、摩托车也开始进入农家。所以，水土保持小流域综合治理，不但促进了水土流失区的社会进步，而且加快了中国贫困地区人民群众脱贫致富、奔小康的步伐。

综上所述，可以清楚地看出，中国开展的水土保持小流域综合治理，不但是可持续发展的重要组成部分，而且是可持续发展在中国广大水土流失区的成功实践；不仅可以有效防治水土流失，而且可以保护和合理利用自然资源；不仅可以改善生态环境，而且可以促进社会进步和经济发展；不仅可以蓄水保土、削洪减沙、减轻自然灾害损失，而且可以改善人居环境，消除贫穷落后，实现人与自然和谐相处。

3 流域环境综合管理机制

改革开放后，中国经济以前所未有的持续高增长为世界瞩目，然而流域环境的高污染在中国经济发展中如影随形。据统计，中国有80%的江河湖泊遭到不同程度的污染，废水排放总量超过环境容量的82%。每年水污染造成的损失约为当年 GDP 的 1.5%~3%。如何构建合理的流域管理体制，遏制由小流域生态环境退化引发的流域环境不断恶化的趋势，是中国经济和社会发展进程中亟待解决的难题。

当前，中国城乡小流域管理的行政机构在目前小流域管理中仍然居于主体性的地位，除政府之外的其他治理主体，包括民间组织、保护社区和农户在内的公众和企业等在流域管理中的参与缺乏适当的组织平台。从小流域整体治理的视角成立的小流域管理机构，在行使小流域统一管理的权威时，容易受到区域内行政部门的羁绊，甚至产生利益冲突。而在小流域资源管理的实践中，则缺乏有效的跨部门、跨行政区、多利益主体参与的协商机制。因此，需要完善现有的流域管理组织架构。在新的架构中，既要包括流域内不同空间区域的政府机构，更重要的是包括不同流域空间的社区和农户在内的流域资源使用者或其代表。

3.1 流域环境综合管理机制概述

3.1.1 小流域管理与小流域管理机制的定义

流域是由各级小流域生态系统组合而成的有机景观系统，流域环境管理是一个庞大的系统工程，涉及水利、环境、交通、电力、农业、林业、国土资源等多个部门，管理不可能只依靠单一的措施、单一的途径和单一的机制来完成。各部门各自为政、互不协调显然不利于水环境的保护和水资源的合理、有效利用。因此，流域综合管理应包括流域环境管理、流域资源管理以及流域经济和社会活动管理等多个方面，更应加强流域统一管理，建立、健全流域一体化的管理体制，并使之法制化。

《21世纪议程》第十八章“保护淡水资源的质量和供应”规定要“实行真正的综合型水资源规划与管理”，而世界银行也在水资源管理战略中提出“建立水资源的综合管理框架”。1977 年世界水会议上通过的《马德普拉塔行动计划》中规定，对水资源的综合开发管理的原则是要把发展人类社会和经济及保护人类赖以生存的自然生态系统看作一个整体，不仅要看到水在自然界的全部循环过

程，也要看到不同部门间的用水要求。这些内容包含了水资源统一管理的思想，已得到了国际社会的认可。比较系统的水资源统一管理概念是“全球水伙伴”技术委员会文件第四号——《水资源统一管理》所作的定义：“以公平的方式在不损害重要生态系统可持续性的条件下，促使水土及相关资源的协调开发和管理，以使经济和社会财富最大化的过程。”

根据上述规定，所谓流域管理，也可以称为流域一体化管理或可持续流域管理，是管理社会、管理经济和管理环境变化的三位一体管理或者三种管理途径的结合。这里的管理环境就是常规的治理和恢复恶化了的流域环境，改善环境质量，从而促进流域水资源的有效利用。管理社会和经济途径是指调控流域水资源的开发、利用等社会、经济行为，目的是为了减少社会经济系统对流域环境的副作用。

综上所述，流域管理亦即流域经济、社会、环境一体化协调持续的管理体制，既包括流域水污染防治和生态保护，也包括合理有效利用流域水资源，从而实现流域生态效益和经济效益的统一，其实质就是要建立一套适应水资源自然流域特性和多功能统一性的管理体制。自然资源管理体制是指自然资源管理机构的结构、组织方式以及运些组织形式之间的分工协调，完成自然资源管理职责，即自然资源各管理机构的设置、职权划分以及不同管理机构之间的相互协调和配合。环境管理体制是国家为实现环境保护的目的而形成的各种组织结构体系、管理权限配置和组织运行机制的制度体系的总称。不管在自然资源方面，还是环境领域，管理体制基本上都包括三个要素：组织机构设置、权力配置和职权的运行机制三个方面。本书中的流域管理体制指为实现流域资源保护和利用的目标，流域管理组织结构设置、各机构之间的权力配置以及权力运作方式的总称。

同理，小流域管理指小流域范围内流域经济、社会、环境一体化协调持续的管理体制。小流域管理机制指为实现小流域资源保护和利用的目标，流域管理组织结构设置、各机构之间的权力配置以及权力运作方式的总称。目前中国小流域管理服从所属流域的管理，小流域管理机构是市县一级最基层的管理执行行政机构。

3.1.2 中国流域管理机构发展历程

自秦始皇起，中央政府即有派驻地方的官员专职督办江河治理，有时建立临时派出机构。元、明、清三朝为了确保漕运，维护京都粮食和财政给养，防治黄淮平原的洪水灾害，建立了常设的跨行政区域、按水系管理的河道总督机构，这是中国最早的流域管理机构。

20 世纪 30 年代前后，民国政府在主要江河设置了具有现代意义的流域管理机构，如华北水利委员会（1928 年）、治淮委员会（1929 年）、黄河水利委员会（1933 年）、扬子江水利委员会（1935 年）及珠江水利局（1937 年）。

中华人民共和国成立后，水利部于 1949 年 11 月设立黄河水利委员会、长江水利委员会、淮河水利工程总局。1950 年 10 月，撤销淮河水利工程总局，成立治淮委员会。1956 年调整长江水利委员会的职责范围，在原长江水利委员会的基础上成立长江流域规划办公室；1958 年撤销了治淮委员会，治淮工作由流域所在各省分别负责；同时撤销了于 1956 年成立的珠江流域规划办公室。1964 年成立了太湖流域管理局（1966 年撤销）。1968 年成立了国务院治淮规划领导小组，1971 年成立了国务院治淮规划领导办公室。中国流域管理逐步得到加强。1977 年在国务院治淮规划小组办公室基础上恢复治淮委员会（1989 年更名为淮河水利委员会），1979 年成立海河水利委员会、珠江水利委员会，1981 年成立松辽流域水利委员会，1983 年恢复长江水利委员会。至此，中国七大江河均建立了流域管理机构，全部隶属水利（电力）部。1984 年，又在长江下游太湖体系建立太湖流域管理局。

目前，中国七大流域水利委员会和流域管理局依然存在，它们是水利部在各流域或区域的派出机构。

3.2 中国流域环境综合治理的相关法律、法规、技术规程体系及存在的问题

法律法规一大类涉及公法领域，另一大类涉及私法领域的社区和农户流域资源使用者的权利规定。总体而言，中国流域立法中自然资源的相关民事和财产权利成长不足。

3.2.1 中国公法领域流域资源管理法律法规体系及存在问题

3.2.1.1 公法领域流域资源管理法律法规体系

自新中国成立以来流域管理各单行立法发展迅速，取得了长足的进步，制定出台和修订了一系列涉及流域资源管理的法律法规及技术规程体系。流域资源物权的设立、变更、流转等主要依靠公法来规制和主导。流域管理的公法法律法规体系大致分为三个层面。

首先是适用于全国的流域资源管理的主要法律包括《中华人民共和国水法》（2002）、《中华人民共和国土地管理法》（2004）、《中华人民共和国水污染防治法》（2008）、《中华人民共和国防洪法》（2009）、《中华人民共和国水土保持法》（2010）等。为贯彻这些法律的实施，主要行政法规包括《中华人民共和国河道管理条例》（1998）、《中华人民共和国水污染法实施细则》（2000）、《退耕还林条例》（2002）、《关于加强湿地保护管理的通知》（2004）、《取水许可和水

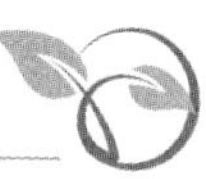

资源费征收管理条例》(2006)、《黄河水量调度条例》(2006)、《水土保持法实施条例》(2011) 等。

第二是针对特定流域层面的立法。这类立法力求在现行的法律框架下，较大程度地考虑流域资源的特性，对所辖区域内的江河湖泊从流域范围内实施管理。如《河北省白洋淀水土环境保护管理规定》《黑河干流水量调度管理办法》《内蒙古自治区境内黄河流域水污染防治条例》《青海省瘦水河流域水污染防治条例》《山西汾河流域水污染防治条例》等。这些地方性的流域性法规为将来制定全国性的有关各流域的法律法规提供了地方立法基础和宝贵的经验。

第三是行政区域层面上的立法，即适用于流域内各行政区域的地方性法规。行政区域内的地方性法规甚多，也会依据形式的需要不断的推陈出新，在此不做赘述。同时，其他相关的法律法规还包括《中华人民共和国环境影响评价法》(2002)、《环境影响评价公众参与暂行办法》、《政府信息公开条例》等。

3.2.1.2 存在的问题

在当前的流域资源管理法律体系中，流域管理有关的法律、行政法规、地方性法规、部门规章和规范性文件等各单行法发展迅速，已经初步形成体系，但综合性立法尚缺。一些协调跨部门、跨地区和资源使用者之间关系，具有重要作用的法律制度明显不足。从自然地理上来说，流域本身不是行政区域，而是集水区域。像长江、黄河流域往往涵盖多个省市、自治区，有些类似于“超省”。凡涉及跨地区、跨部门的流域资源管理或者协调的，现有的法律法规由于是部门主导的立法，只进行了原则性的笼统规定，缺乏相应的法律制度和具体的程序。

从各单行法的角度来看，基本上是以不同自然资源品种或者行业为基础。各种流域资源立法，由于只涉及了单一的流域资源要素，各单行法之间的联系相对松散。如水法、水污染防治法、水土保持法、农业林业立法等与流域管理相关的立法过程之间的协调和配合不够。在法律法规的制定程序方面，中国流域资源管理多数由全国人大委托政府行政主管部门法律法规条款的起草、修订和试行后，再提交人大立法委员会在听取各方面意见的基础上进行审定。立法委在审查时，通常不会改变法律法规原有的部门宗旨。行政主管部门在起草法律法规时，基本上围绕着本部门的管理职责来制定。有统计显示，国务院各相关部门提交的法律提案，在近 20 年来在人大通过的各种法律中，占总量的 75%~85%。

3.2.2 中国私法和公法涉及社区和农户流域资源管理法律法规体系及存在的问题

3.2.2.1 私法和公法涉及社区和农户流域资源管理的法律法规体系

民法通则和物权法等有关法律法规的平等保护原则，是指物权主体在法律地位上的平等。其享有物权在受到侵害后，应当受到物权法的平等保护。物权法所确认的平等保护原则，其实质是规则平等，是对公权力的一种约束，要求国家行使公权力执行规则时对各种财产权平等对待。中国私法和公法涉及社区和农户资源物权的相关法律法规和具体条款见表 3-1。

表 3-1　流域资源管理法律法规对社区和农户资源物权的规定

法律法规相关条款	社区和/或农户的权利	社区和/或农户的义务或限制
《中华人民共和国民法通则》第五章第八十条、第八十一条等	对资源物权的保护： (1) 农民集体和农民的土地承包权受法律保护； (2) 土地使用和收益的权利受到法律保护损害集体或个人财产的赔偿： 侵害人损害集体或个人财产的应当恢复原状或折价赔偿	(1) 保护和合理利用集体土地； (2) 土地不得买卖、出租、抵押或者其他形式非法转让
《中华人民共和国土地管理法》第二章第十一条、第十三条、第四章等	登记、核发证书和确权； (1) 国家权力机关登记发证，确认农村集体土地的所有权；农民的土地承包经营权受法律保护； (2) 水面的使用权、森林的使用权确权土地征收的补偿： 按被征收土地原用途补偿	(1) 土地用途管制，严格限制耕地转非耕地； (2) 土壤改良和水土流失防治； (3) 农地转非农的国家征收
《中华人民共和国土地承包法》第一章第五条、第九条、第十六条、第十七条等	基于农村集体成员权的土地承包权利： (1) 承包合同生效即取得土地承包经营权； (2) 使用、收益和承包经营权流转； (3) 承包地被依法征收、征用和占用获得补偿； (4) 土地承包纠纷的调节和仲裁机制	(1) 土地用途管制； (2) 保护耕地； (3) 不改变土地用途基础上，承包经营权流转的发包方同意和期限限制
《中华人民共和国土地承包法》第一章第五条、第九条、第十六条、第十七条等	登记、核发证书和确权： 国家权力机关登记发证，农民的土地承包经营权受法律保护 土地承包经营权为用益物权，受法律保护： (1) 使用和收益，从事农业生产； (2) 土地承包经营权的转包、互换和转让等； (3) 土地被征收获得补偿的权利	(1) 土地用途限制和耕地保护； (2) 土地流转不得改变土地用途； (3) 农地转非农的国家征收

续表 3-1

法律法规相关条款	社区和/或农户的权利	社区和/或农户的义务或限制
《中华人民共和国物权法》第一编第三章、第三编第十一章等	物权受侵害时的保护： （1）返还原物、排除妨害或消除危险请求、恢复原状等请求权； （2）物权受到侵害的解决途径：和解、调节、仲裁和诉讼等	用益物权人对所利用的自然资源的保护
《中华人民共和国水法》第一章和第五章等	水权： 依法取得的取水权受法律保护 行政许可制度和取水许可证： （1）国家所有的水资源，经行政审批许可取得取水权； （2）集体所有的水资源无需许可	（1）用益物权人对水资源的保护； （2）非法取水的法律责任

注：表格来源于王俊燕．流域管理中社区和农户参与机制研究［J］．中国农业大学学校，2017，5：63~64.

上述涉及资源物权的法律法规，为民众的资源使用的财产性权益保护提供了制度保障。但由于自然资源本身所承载的生态价值和环境公益属性，自然资源的开发利用在满足个体的经济利益的同时，也对资源使用权的取得和行使赋予了很多的限制和义务。

3.2.2.2 存在问题

根据我国的物权法，社区和农户作为流域资源的使用者，拥有资源使用物权，这是保障其参与流域资源管理的重要的制度基础。根据物权法土地管理法及水法等法律法规，社区和农户拥有流域特定资源的使用、分配和部分处置等权利。土地管理法、《退耕还林条例》对资源的征收补偿有明确的规定。

流域自然资源物权虽然同时受到了土地管理法、水法等公法和民法通则、物权法等私法的双重调整，但实际上公法的调整处于主导地位。比如《中华人民共和国行政许可法》第二章第十二条规定了“有限自然资源开发利用、公共资源配置需要赋予权利的事项”；《中华人民共和国水法》第一章第七条的“取水许可”（农村集体组织的山塘和水库除外）和其他法律法规中的“授予”等表述，体现的是立法者将资源物权的设立视为行政机关单方面做出的具体行政行为。

水资源作为公共资源，所有权由国家统一管理，集体所有权仅限于集体所有的池塘、水库，私有产权的存在与否未明确。现有法律法规对用水权的优先位序的规定也不清晰，无法指导于实践中的、不同用水目的的冲突。各种不同目的的用水优先的决定权在省级政府，无法杜绝从地方利益出发来确立用水的优先顺序，而不考虑整个流域上下游、左右岸的利益，往往容易发生跨地区、跨流域的利益纷争。

取水权的征收，只在《取水许可和资源费征收管理条例》第四十二条第三款规定了取水权征收前的“通知义务”，没有明确的行政程序保护受影响者参与行政决策的权利。对取水权的撤回的依据，即“因公共利益或者取水许可所依据的客观情况发生重大变化”的情境，没有明确的界定，更加剧了取水权的不确定性。取水许可制度实际上是一种对水权的初始分配制度，是在水资源国有的前提下赋予用水户对水资源的使用和收益的权利，缺乏市场调节和用水户的参与。

同时，中国目前法律对取水权的补偿、救济和补救（如补偿范围和主体的认定标准、受影响人的权利救济）的渠道等方面都没有详细的规定。《水法》修订（2002）提出了有偿付费的取水权制度，为私有产权以及基于其上的水权市场的形成成为可能。

对小流域土地资源的征收程序需更加明确界定，以保障社区和农民的利益。我国物权法第二编第四十二条、土地管理法第一章第二条、第四十七条、四十八条和四十九条等对公共利益的土地征收做了原则性的规定。但对于征收的具体程序没有完善的程序保障规定。一方面是对应当成立征收补偿的情形并没有以征收条款的形式予以认定；另一方面，确定的征收条款对于程序保障也只进行了原则性的规定。如国土资源部 2001 年颁布的《征用土地公告办法》所实行的“征用土地防范公告”和“征地补偿安置方案公告”其实是征地决策实施后的公告。再加上农村集体土地所有权代表主体、权能不完整，难以明确征收补偿的权利人，当集体土地被征用时，权利人身份的不确定性和模糊性，使得难以确定“谁”应该是征地补偿程序的参与者和补偿的获得者。

总之，虽然一些法律法规对农民的资源权益进行了规定，但规定大多数没有实体性条文和规范的支撑，因此需要从实体法和程序法建构对农民财产权益的制度性保护。通过国家的制度安排和权利的设定来保证社区和农户在面对外来力量时有足够的能力不被排挤和边缘化，使社区和农户在资源管理中具有发言权和决策权。

3.2.3　小流域环境综合治理技术规范体系

在中国长期的小流域综合治理实践中，除逐步形成一整套小流域综合治理的相关法律、法规外，也制定了系列的技术规程体系，主要有《水土保持试验规范》（SD 239—1987）、《水土保持综合治理效益计算方法》（GB/T 15774—1995）、《水土保持综合治理验收规范》（GB/T 15773—1995）、《水土保持建设项目前期工作暂行规定》（〔2000〕187 号）《水土保持治沟骨干工程技术规范》（SL 289—2003）、《水土保持工程运行技术管理规程》（SL 312—2005）、《水土

保持规划编制规程》（SL 335—2006）、《水土保持工程质量评定规程》（SL 336—2006）、《水土保持术语 》（GB/T 20465—2006）、《生态清洁小流域技术规范》（DB11/T 548—2008）、《水土保持综合治理规划通则》（GB/T 15772—2008）、《水土保持综合治理技术规范》（GB/T 16453—2008）、《水土保持综合治理验收规范》GB/T 15773—2008《水土保持小流域综合治理项目实施方案编写提纲（试行）》（水保生函〔2010〕22 号）、《生态清洁小流域建设技术导则》（SL 534—2013）等。这些技术规范的制定和实施为小流域综合治理的工程建设制定了纲领性的指导，对示范区技术的推广应用做了科学规范，加速了小流域综合治理的进程。

3.3　中国小流域环境管理现状及存在问题

3.3.1　机构设置现状及存在问题

3.3.1.1　组织机构设置现状

中国小流域管理体制隶属于流域管理体制的最低一级，流域组织机构和协调机构设置是实现管理体制有效运转的制度基石和组织保证。流域涉及的组织机构主要有两大类：一类是由部委设立的流域管理行政机构，有水利部长江、黄河、淮河、海河、珠江、松辽水利委员会和太湖流域管理局等七大流域管理机构，及下属的流域水资源保护局，主要负责水资源保护等有关法律法规在流域内的实施和监督检查等职责；另一类是由地方政府设立、经法律授权的一些流域管理社会组织。如 2010 年辽宁省设立辽河保护区管理局，区域内省水利厅、环境保护厅、国土资源厅、交通厅、农委、林业厅、海洋与渔业厅等部门相关职能划入辽河保护区管理局流域行政管理机构，按照宪法和其他相关法律法规规定，被授予管理职责和相应的管理权限。

除此之外，按照不同的功能和用途，在同一区域内，流域水资源还被农业、环保、规划、国土、林业等多个部门分别管理，对水资源实行分行业管理；同时，农村用水与城市用水也分别隶属于不同部门的管理。图 3-1 以黄河流域为例，呈现了涉及小流域水资源管理的不同部门和管理机构。

中国现行流域管理体制都是采取垂直纵向管理为主。具体表现为采取三级管理体制，即在中央设立相关的最高管理部门，在各省市地区设立相关的部门管理部机构，在市县一级设立基层的管理执行机构。市县一级的基层管理执行机构属于小流域的资源管理行政机构，基本上以县级政府及职能部门为主体。

3.3.1.2　协调机构设置现状

协调机构的设置也分为两类：一类是由部委设立的流域协调机构。有环保部

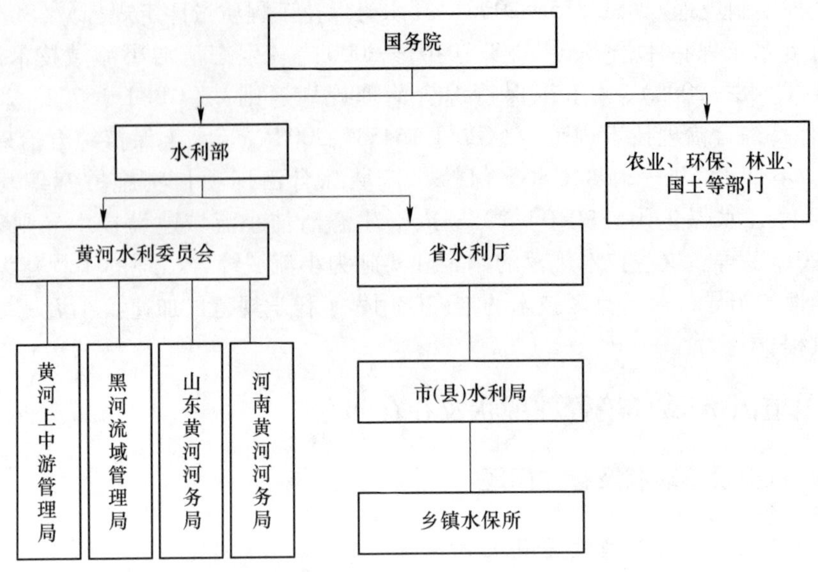

图 3-1　流域水资源管理行政组织结构图（以黄河流域为例）

牵头的流域水污染防治部级联席会议，如全国环境保护部级联席会议、三峡库区及其上游水资源保护领导小组。上述联席会议在加强各部门、地方流域管理的协调方面发挥了作用。另一类是由地方政府设立的流域协调机构，有京津冀水污染防治协作机制，包括海河流域水系保护协调小组及京津冀凤河西支、龙河水环境污染联合执法机制。这些机制在协调处理水污染纠纷、简化跨区域污染处置程序和提高行政效率方面发挥了积极作用。

3.3.1.3　存在的问题

现行小流域管理主体缺乏社区和农户的利益代表。

小流域管理行政机构在目前的流域管理中仍然居于主体性的地位。在流域自然资源国有的背景下，中央及地方各级政府作为流域自然资源的所有者代表，既代行资源所有者的职能，又代行政管理者的职能，导致产权管理与行政管理不明晰，以行政权代替产权管理。以水资源为例，在水资源国家所有的背景下，水资源的所有权与行政权是结合配置的。政府对水资源所有权的行使主要表现在政府代表国家支配中国大部分水资源。各级政府及部门分管流域各资源要素的管理权。

在这种情形下，政府部门在管理自然资源时，习惯于运用行政管理的方式和手段处理国家与自然资源开发利用者之间的利益分配问题。资源使用者（公众），被管理方，更多的是履行被管理方的义务和责任，在流域资源管理中缺少话语权。在理想状态下，每个资源使用者都应该参与到流域管理中来。但由于分

散的个人能力有限、实现其利益的能力和途径也有限，组织化参与是当前社会多元利益格局下的一种必然选择。从宏观上来说，这是民主治理的必然要求；从微观上来说，众多分散的个体利益，唯有通过组织化的方式集合起来，以社会组织为载体，以组织的形式壮大个人的力量，才能实现参与的制度化。但是由谁来作为社区和农户利益的代表呢，组织化参与的载体应是各种类型的社会组织。目前虽然在基层建立了一些农民组织，但是当前农民的组织化程度低，不可能自觉地通过集体行动进行充分而全面地利益表达。目前仍然缺乏有影响力的、区域性甚至全国性的能够代表农民利益的组织（全体农民的各项权益），提供对农民群体整体权益的有力保障。

从国外的成功经验来看，因为每个社区在面对流域资源使用的时候都有自己的利益所在，在进行流域和小流域管理的过程中，在所涉及的各个机构包括社区及其内部的成员对流域使用都具有一定的权利要求，都需要考虑到农户及其社区的利益。而所谓的流域管理也应该从各个不同利益相关者出发，每一个利益群体的利益诉求都能被其他的利益相关方所了解，并通过磋商的方式实现多群体的利益平衡。以黄河水利委员会为例，在流域管理机构的内部，目前更多地看到政府在主管，环保组织、学者、企业以及其他相关机构，但是社区和农户还尚缺少一个充分表达意见的途径和渠道。

小流域资源管理行政机构的设置与小流域和农村社区资源利用和环境问题的要求之间的冲突。中国的流域管理行政机构设置具有地域性和部门化的特点。流域管理行政机构设置基本上是按照一定的地域范围，根据“中央—省—市—县”的行政区划设立方式来设置。由地方政府管理所在区域内流域资源也有其合理性，根据各地的实际情况，如资源禀赋、利用现状和管理模式、经济发展水平等相配套，这正是实行区域管理的必要性所在。虽然设置了一些跨地区的组织，如水利部的七大流域管理委员会、环保部的六大环境保护监察中心，但这些机构重点主要协调省级区域、大流域之间的资源使用和环境纠纷的处理，对于基层的具体事务涉入较少。

小流域的资源管理行政机构的设置，基本上以县级政府及职能部门为主体。县级地方政府以行政区划和分部门进行管理，缺乏协调性机构。涉及小流域治理的部门众多，包括水利、林业、农业、环保等，但通常各自为政，由单一部门根据自己的行政职能实施小流域管理活动。

县级政府及职能部门是农村自然资源和环境管理的主体。县级政府作为最低的一级政府。与上级政府保持着高度一致，包括财政、水利、环保、农业等众多职能部门，存在职责同构的现象。县级政府为了加强对农村的管理，在乡镇派驻自己的机构，即通常所说的“七站八所”，这些“七站八所”接受县级相应的职能部门的垂直领导。在乡镇上，各种政策目标和项目任务按照专业分类向下布置落实，到了基层，农村大量事务是非专业化和科层化的，所谓“上面千条线，下面一根针”。如化肥、农药等引起的现代农业面源污染问题，以流域和海岸等为单元跨行政区域发生，具有超出某一区域的跨界性的特征，需要在大流域和不同行政区间来统筹协调完成管理。但由于职权划分的限制，流域管理的公共资源基本上按照“条”“块”安排资金、选择项目，各种资源分布在不同的职能部门，各部门、各乡镇根据自身的职能调动有限的资源，自主制定计划、选择项目开展基础设施建设，各自完成任务，造成有限的资源分散使用，反而起到“撒胡椒面”的副作用，项目方案的制定和实施缺乏应有的合理性。这种条块分割的管理既缺乏灵活的体制机制，又不适合农村自然资源和环境的整体性、跨区域性和不可分割性，农村资源利用和环境问题与流域管理机构设置的行政区域化特点存在一定程度上的冲突，只有部门间协调联动和地方政府间进行合作才能有效解决农村资源利用和环境问题。

现有农村资源和环境管理基层公共组织的供给不足，农村资源使用的外部性问题突出。县乡两级政府是与农民直接发生各种关系的基层政府，是农村资源和环境管理的主要组织。乡镇资源配置上具有明显的城乡分割，基层政府将大部分自然资源投入到能够刺激 GDP 增长和产生政绩的领域，如引进工业企业、建设开发区和投资基础设施等，而严重忽视环境保护、社会保障等投资周期长、见效慢的项目，且对农村资源和环境管理的供给严重不足，导致在广大农村出现大量资源和环境管理的真空地带。加上乡镇工资统发，乡镇财政越来越“空壳化”，靠上级政府的转移支付难以支持乡镇的正常运作，乡镇政府悬浮于农村社会之上，呈现出向上服务和为富裕阶层服务等现象。

与村干部的消极应对也有较大的关系，税费改革和“两工”取消之前，村干部作为连接政府和农户的纽带，负责征收各种税费，村干部的工资与农业税相关；同时，组织农民在农闲时节开展农田水利建设、植树造林等公共物品的供给，一般由村干部组织本村村民完成。税费改革大大压缩了乡村干部“搭车”收费的空间，村干部的职责由征收税费变为组织农民开展“一事一议”，村干部没有足够的动力和激励去促使农民达成合作。实践中，“一事一议”在乡村社会实践的效果。难以令人满意。

村委会本应承担着农村集体自然资源的管理和保护工作，但是在目标责任制及其运行形成的“责任—利益连带”制度下，村委会与地方政府容易形成一种“责任连带关系”，被纳入到一个“责任—利益”共同体中。以村干部为代表的村委会逐渐与农户的利益相背离，而表现出对地方政府的“愿意跟从”，以从中获得收益。在这种情况下，土地和水资源作为基层政府最为重要的资源抓手，利用职权强迫农民进行不当的农地使用流转或征用，强征强拆，使耕地大量流向非农用途，农业水资源强制“农转非”、工业排污对农村环境的污染等事件屡见不鲜。进入 21

世纪后的10多年来，农村土地纠纷和冲突事件激增就是一个佐证。

3.3.2 权力配置结构现状及存在问题

3.3.2.1 权力配置结构现状

中国流域管理体制中的权力配置结构具体指各个流域管理部门和机构之间的职权划分、权限分工以及由此表现出的各机构之间的权力位阶和关系形式，是流域管理体制的重要保障功能。权力配置结构在具体形式上的表现分为垂直分工、水平分工和交叉分工。其中垂直分工主要指中央和地方之间的流域管理权限的划分；水平分工指流域内同级地方政府之间流域管理权的权力配置；交叉分工指政府各平行的职能部门之间的权力配置，如水利、环保、林业、农业等。中国流域管理涉及的相关部门及其主要职能见表3-2。

表3-2 国家层面我国流域管理涉及相关部门及其主要职责

部　门	主要职能
水利部	负责水资源的保护和开发利用；取水许可证制度和水资源费征收制度；水行政执法；水资源保护规划、水功能区规划和排污总量规划；监测江河湖泊水量水质和信息公开等
环境保护部	负责水污染防治规划和有关政策、法规和标准的制定等；水污染源监测及相关信息发布等；环境经济政策的制定和实施；参与水资源保护规划编制和相关政策的制定；水利工程的环境影响评价报告书行政审批等
国家发展和改革委员会	综合协调各项专业规划，包括农业、林业、水利等发展规划与国家社会经济发展的关系；参与流域水资源开发与生态环境建设规划等
国家林业局	负责流域生态、水源涵养林保护管理、湿地管理
农业部	负责开展农业面源控制；保护流域内渔业水域环境、水生野生动物栖息环境
建设部	负责城市供水、节水、排水与污水处理等工程规划、建设与管理
交通部	负责内河航运、船舶排污控制
国家电力监管委员会	流域内的水电资源的开发；水电在内的电力监管
国土资源部	负责国家土地资源的规划、监测和监督；防止地下水的过量开采与污染
外交部	协调国际河流治理和谈判
流域管理机构	主要七大流域都建立了流域水利委员会，其主要职责：（1）收集和调查水资源信息；（2）编制跨省的流域水资源规划、水功能区规划、水量分配及旱性紧急情况下的水量调度预案；（3）跨行政区水资源开发项目的审批、取水许可等；（4）重点水利工程的运行和维护等

注：表格来源于王俊燕．流域管理中社区和农户参与机制研究［J］．中国农业大学，2017，5：80.

3.3.2.2 存在问题

A 纵向上的部门设置与职能分割

纵向上的部门指从中央到各级地方政府的纵向的具有上下级领导关系的职能部门。在流域资源国家所有的背景下，通常表现为中央政府委托地方各级政府行使国有资源产权的利用等权利。中央和地方政府拥有了对自然资源的管理权，地方政府是流经本地区的流域资源所有者的利益代表。以水资源为例，按照水法第三条的规定，国务院代表国家行使水资源的所有权。国务院放权水利部、环保部等，各自纵向从省（自治区、直辖市）、市（县）到乡镇，都设立了相应的部门，承担流域水资源管理的主要职责。为了强调流域管理的重要性，在国家确定的重要江河、湖泊，包括长江、黄河、珠江和淮河等，除了由水利部进行统一管理和监督外，还设立了专门的流域管理机构在所管辖的流域范围内行使按照水利部授予的水资源管理职责，实行流域管理与区域行政管理相结合的管理体制。同时，对于跨省（自治区、直辖市）的其他河流及众多的省（市、县）内河流等，则主要由地方水行政主管部门负责。

流域管理机构的设立旨在协调水资源使用、管理过程中由于水的流动性而形成上下游、主干流、左右岸使用者的不同需求。它突破区域的行政限制而以水域为单位管理，将上下游、主干流、左右岸作为一个流域整体，充分考虑各地区各相关主体的需求，对水资源的使用和保护进行统一调配。而流域管理机构在介入不同省份和不同区域之间的资源使用分配、纠纷和冲突时，由于区域流域内各地经济发展程度不同，在环境执法的尺度和力度上难以做到统一，中央政府关于环境保护的决策部署难以贯彻落实到位，也未能发挥其在平衡不同区域间自然资源使用矛盾时应有的协调功能，存在机构行政层级较低、职能单一和不完备以及缺乏直接执法权等问题；而地方政府在本区域内的经济发展、水量分配、取水许可和财政资源等方面具有更大的权威和影响力。如《中华人民共和国环境保护法》规定“地方各级人民政府应当对本行政区域的环境质量负责”。在此规定下，以行政区划为单元的污染管理方式容易造成地域分割，无法有效协调各方利益与诉求，难以形成流域水污染防治合力。

同时随着中央与地方的事权划分、分税制改革，地方政府面临发展地方经济的巨大压力，变成了有明确管理的行动主体。各级地方水行政主管部门作为地方政府的一员，其部门财政预算、人事晋升考核等“生杀大权”都由地方政府决定，上级主管部门对下级的管理力度显然难以与其本级政府的行政命令相背，其在执行水利部（代表中央政府）的政策时，会受到多方钳制。在自然资源使用上表现为对流域内本区域内资源的过度使用，导致环境污染和生态破坏，可能对流域其他地区造成的负外部性，忽视国家和流域的整体利益。而地方水行政主管

部门并非如海关、国家税务局等垂直领导，并不具备从中央到地方的垂直管理体制，而是松散性的业务指导关系，这就造成了这些部门自身较低的独立性。

B 横向上的部门分割与职能交叉

在横向关系上，流域资源管理涉及中央和各级地方政府的多个部门，在中央层面上相关的涉水管理职能被分解到不同的部门，包括农业、林业、国土资源、水利、环境等部门，同时地方政府也相应地将涉及水资源管理职能分解到不同的部门，呈现流域资源管理的责任细化。从水资源的管理上，各部门的措施主要是按照中央授权、国家流域管理的宏观治理目标和本部门的具体职责职能的划分和目标单方面行动，行政隶属是分离的，缺乏协调性，而管理内容出现交叉和重叠。比如，水污染防治法规定环境保护行政主管部门负责水污染防治的监督管理，包括入河排污口的设置；第十七条规定，环境保护行政主管部门负责组织水环境功能区划，确定排污总量。但同时水法又规定，入河排污口的新建、改建、扩大水利工程管理和防洪安全等，是水利行政主管部门的管辖范围；第三十二条规定，水行政主管部门或流域机构负责江河湖泊的水功能区划，根据水功能区划的要求，核定江河湖泊的纳污能力和提出水域的限制排污总量意见。水污染防治法规定水质管理与水量管理分别主要由环保和水利两个不同的部门管理，两者之间在管辖领域、管理职责等方面存在诸多交叉和重叠。

同时，流域管理机构与这些部门之间也存在着职能交叉重叠和职责不清的问题。流域管理机构与其他涉及流域资源管理的部委在行政层级上处于不对等状态，与各部门之间没有直接的隶属关系，在流域资源管理职责的行使上难以发挥作用。例如环保部作为水污染防治管理的最高主管部门，无论是流域还是区域的水污染防治，都是其职责范围，一旦发生流域水污染事件，流域管理机构也只能处于协同管理的位置，难以发挥流域统一管理的优势和作用。从行政级别上，流域管理机构需要借助于其上级机关——水利部的权威来进行协调。职能部门之间的配合不利导致许多公共事务管理领域出现多头管理，与此同时很多时候却出现管理真空。对本部门有利的事项抢着做，对本部门无利但对全局、整个流域有利的事情避之不及。

C 现有流域管理机构的主体地位不明确，综合协调和管理能力受限

2002 年修订的水法对流域管理机构的定位是“水利部的派出机构”，其职责范围是国务院水行政部门职能的延伸或授权，职能较为单一。流域管理机构作为国务院水行政主管部门的派出机构，代表国家水行政主管部门，在流域内行使水行政管理职责，具有一定的行政职能，但并非一个真正的管理机构。同时，从管理要素上看，仅覆盖了流域综合管理系统中某个子系统功能要素的范畴，无论是专业覆盖面还是影响力，都十分有限。不能根据流域和生态系统的整体状况进行综合性管理，无法对涉及跨部口、跨区域性的部门和机构进行协调和调配。

虽然2002年的水法以法律形式确定了流域管理机构在水资源管理的法律地位，明确规定“国家对水资源实行流域管理与行政区域管理相结合的管理体制”，明确了流域管理机构的责任与作用；但流域管理机构从成立之始就定位是一个以流域规划设计和技术研究为主的事业单位，聚集了一大批理工科背景的专业技术人员，从事流域工程项目的规划、勘测、设计、施工和管理等，这在客观上形成了现有的流域管理机构在流域管理的思路上重视技术和工程建设，将流域管理视为工程技术问题，忽视或者不善于处理面临的流域管理需要协调资源使用和在保护中发生的多重利益矛盾和冲突。

在实际操作过程中，流域管理机构与地方行政管理部门如何有机结合，以谁为基础，以谁为辅助，法律中并没有做出明确规定，因此，流域管理机构与流域所在的地方政府在管辖领域、管理职责、信息共享等方面的交流不畅。而事实上，现实中的流域管理还是以区域管理为主，地方政府及其水行政主管部门常常发挥主导作用。流域管理机构在发挥流域统一管理的职责时，总是受到地方政府和其他涉水部门的羁绊。同时，在同一个区域或流域范围内，各地制定的流域环境保护相关政策、规划、标准只限于本地因素，难以实现规划间环境目标的协调一致和环境政策有效衔接。而且环境质量和污染源的信息也缺乏共享机制，环境信息资源有效利用不足，导致政策标准难于衔接和统一，信息资源难于共享。

在资源调配上，流域管理机构作为一个行业部门，在协调其他部门的用水需求，如航运、发电、旅游等方面，常常显得心有余而力不足。在实施管理作用的发挥上，仍然是以地区的行政管理为主。流域管理机构更倾向于宏观的规划和协调管理，而区域的地方政府掌握本地流域资源的详细信息，处理大量具体而微观的用水问题，如水资源在不同部门之间的分配、对取水和水污染企业的监督，其权威可直接有效地影响到用水户。

D 缺乏有效的跨部门、跨行政区的、多利益主体参与的协商机制

综上所述，中国流域的公共行政管理体制存在着部门职责分散交叉，现有的法律法规对部门管理职责规定有重叠和不清，导致流域资源管理政出多门，条块分割，配合不畅，过分强调分部门、分区域的管理，而忽视部门之间、跨行政区之间的多利益主体之间的协调和合作，“多龙治水”现象突出。如水利、交通、渔政、海洋、林业、农业等部门与环保部门存在职责交叉，不适应“山水林田湖生命共同体”的自然属性管理需求。

流域资源具有整体性、生态关联性和管理主体间相互依存性的特点，任何单一主体都无法单独承担流域资源经营管理的全部内容，需要部门间的协调和配合；同时，随着大量跨区域公共事务的产生，如跨界污染、流域治理、环境巧护等，亟须流域内地方政府间，以及政府与其他社会组织、公众群体之间的协调与合作治理，单靠某个地方政府的闭门造车难以解决。

总之，从治理的视角来看，“治理”强调治理主体之间的协商合作，从传统的权力服从模式转变为协商合作模式，致力于集体行动的各个治理主体之间交换资源、谈判磋商达到共同的目标。然而中国现行的流域和小流域管理体制并没有将其放置于治理主体的位置上。而公众参与式治理这一强调协商合作范式中的核心就是将原来排斥在体制外并被动接受管理的社会公众和其他管理对象纳入到管理体制之中。

3.4　国外流域环境管理实践与借鉴

3.4.1　法国的流域环境管理实践

3.4.1.1　法国流域环境管理机制

法国水系稠密，各河流间有运河相通，水上交通发达。遵循流域的自然地理范畴设置流域管理机构，对流域环境实行综合管理是法国流域环境管理政策的基本原则，也是法国流域管理的成功之处。法国在 1964 年颁布了新水法，对水资源管理体制进行了改革。在从法律上强化全社会对水污染的治理、确定治污目标的同时，法国建立了以流域为基础解决水问题的机制，并将全国按水系划分为六大流域，在各流域建立了以流域为基础解决水问题的机制（Clark，Mondello，2003）。1973 年法国将原分散在各部的环境管理事项包括流域的综合调整事宜，移交至改组的城乡环境部。该部是负责协调全国环境问题并拥有环境方面的综合性、跨部门、跨行业管辖权的一体化机构。法国的流域环境管理机构由国家、流域、支流或次流域三级组成。国家国土规划部与环境部是负责流域环境管理工作的主要政府部门，主要负责制定全国性的水管理政策及法规，制定与水有关的国家标准，负责制定江河治理的大政方针和协调各有关部门发生的纠纷，审核流域机构政策、监督水法规的执行情况等，包括国家水务委员会和国际水资源管理委员会。在国家一级还设立了国家水务委员会。国家水务委员会由一名议员担任委员长，国家众议院和参议院的代表及有关机构和政府部门的代表为成员。后者由环境部、交通部、农业部、卫生部等有关部门组成，不定期召开会议，无常设机构。在流域级上，还有国家一级的水管理与监督机构。在流域机构之下，还有地方层次上的水管理机构——流域委员会。流域委员会是协商与制定方针的机构，它相当于流域范围的“水议会”，是流域水利问题的立法和咨询机构。流域水管理局是技术和水融资机构，是具有管理职能、法人资格和财务独立的事业单位（Jacobs；2002）。它们之间的关系是咨询与制约的关系。水资源工程和水管局的财务计划如不能得到流域委员会的批准，将不能付诸实施。流域委员会对水管局水政策及流域规划提出咨询意见，由水管局局长负责实施。

全国 6 个流域各有一个流域委员会，委员长由地方选举产生，负责起草制定流域资源开发和管理的总体规划，确定水量、水质管理的基本方针，审议取水和排污收费标准，审查投资方案和指导污水处理厂的运转等。支流或次流域级流域环境管理机构可以建立地方水务委员会，制定和实施本流域的水资源开发和管理计划。其成员一半来自地方团体代表，另一半由用户代表和国家政府代表组成。

3.4.1.2　法国流域管理的成功经验

法国的流域管理非常强调多方参与，以增强其民主化、科学性与透明度。各级流域机构除中央及地方代表外，还吸纳了用水者和相关专家作为其组成成员，而且所占比例不小。在此基础上，法国的流域环境管理政策的制定中，还在国家、流域及地方三个层次建立了“协商对话”机制（Mondello，Clark；2000）。根据这一机制，流域水管局成员、用水户（工商界、大型区域开发商、农民、渔民、自然保护协会等）和国家行政代表可就流域水管理事务进行协商对话，从而使各项具体政策不仅能够充分代表社会各方的意见和利益，而且具有科学性，从而实现流域的高效开发利用和可持续发展。

法国非常重视流域的综合管理，管理的范围相当广泛，包括从水量、水质、水工程、水处理等方面对地表水和地下水进行综合管理，同时还充分考虑生态系统的平衡。流域机构对流域实行全面规划、统筹兼顾、综合治理。在一个流域内，流域委员会所在大区的行政长官（流域协调官）负责水资源执法和管理，根据情况采取必要手段对流域的开发利用特别是进行危机管理。地方政府在各自职责范围内对流域的开发利用进行审查。任何可能对流域造成影响的活动都必须取得行政许可。发放许可之前须经公众质询，其他活动也须做出无害声明。政策制定后，从保护生态环境出发不断修改和完善。2001 年修订的法国卫生法规定，工业污水要排入下水道必须事先获得相关部门的批准，对污染环境的废水必须进行处理才能排入下水道，准许排放的污水必须缴纳水处理费。法国将供水分为饮用水和非饮用水两个系统，非饮用水如塞纳河水主要用于浇花草和冲洗街道；工业、街头和居民污水通过下水道直接送入污水处理厂。同时，强调“以水养水”，实行“谁用水，谁付费；谁污染，谁治理”的政策。用水者要缴纳用水费，污染者要缴纳污染费。而所有收到的资金则用于流域管理和进行相关水的研究，从而确保流域委员会有稳定和充足的资金来对流域进行管理。

3.4.2　美国的流域环境管理实践

3.4.2.1　流域环境治理现状

据统计，2002 年美国国土面积约为 930.8 万平方千米，大约分布有 384.6 万平方千米的土地和水，约占非联邦农村土地（其中包含牧场 165.5 万平方千

米、林地165.5万平方千米、农田146.1万平方千米）的71%，其中非联邦农村土地23%为基本农田。美国地势中间低、两侧高，山脉多呈南北走向，丘陵山地约占国土面积的2/3。1982~2007年，美国农田水土流失减少43%。农田水蚀由每年16.8亿吨下降到每年960万吨，风力侵蚀由每年13.8亿吨减少至每年765万吨。自20世纪80年代初以来，耕地单位面积土壤侵蚀下降超过40%。由此可见，近年来美国水土保持颇有成效。

3.4.2.2　流域环境管理法律法规

美国小流域治理主要以1935年国会通过的水土资源保护法（RCA）和1954年国会颁布的流域保护和防洪法案（公法83~566）为基础。水土资源保护法（RCA）为美国农业部提供了自然资源战略评估和规划，指导农业部制定小流域治理相关计划，并提出建立水土保持示范区和水土保持协作区。公法83~566要求农业部长授权州、地方政府、部落（项目发起人）实现流域项目并提供技术和财政援助，自然资源保护局（NRCS）负责管理计划，该法案用以促进合理的土地利用，减少水资源问题，并提高生活质量。除了公法83~566和RCA外，迄今美国已有20多个配套法律法规涉及小流域治理，如公法83~566、公法78~534等。此外，各州、县可根据本地条件立法或者对联邦法律法规补充，截至目前，美国50个州都制定了完整的水土保持法规并颁布执行，这些法律法规确保了国家流域治理计划的顺利实施。

美国水土保持法律法规体系较为完善，全方位制定了小流域的调查、规划、治理实施、资金管理、后期监督、科学研究等相关规范。如RCA对小流域治理的相关措施描述十分详细，包括输配水系统配置、营建洪水防护建筑、梯田、条带状播种、鱼梯、鱼避难所、排水沟、土地征用、健全洪水预警等。除此之外，还考虑了小流域的发展，包括对鱼类和野生动物的保护、相应的卫生设施等，如公法83~566第3条：当地组织协助流域计划的相关流域不超过250000英亩[1]。在规划过程中，对存在的问题（如水质，水灾，水和土地管理，泥沙）进行了评估并提出改善工程，由此计算流域预计收益、成本、费用分摊，并安排运行和必要的维护。

3.4.2.3　流域环境管理历程

1930年美国建立了第一个流域管理机构，即田纳西河流域管理局，开始了流域治理工作。其特点在于把流域治理工作与土地利用和经营紧密结合，同时建立了专门的法规保障国内地方政府组织规划和实施小流域治理工作，在对水土资

[1] 1英亩=4046.86m^2。

源管理方面获得了显著的成就。1933年在内政部成立了土壤侵蚀局，负责美国的流域治理和水土保持工作。1935年根据水土保持法的规定，将水土保持方面的工作由内政部转到农业部，并成立了土壤侵蚀局，促使水土保持的研究系统化。该机构不仅负责全国土地资源和水土流失的调查、研究和水土保持规划、试验、示范和宣传等有关工作，而且依法与各个州、县的有关机构签订合同，限制滥用土地资源，兴建各项水土保持措施，推行小流域综合治理和全国资源保护等发展计划。在全国25个州、2969个大区和小区设置了3级水土保持机构。

在20世纪50年代，美国对河流水资源的管理主要是通过大河流域委员会，管理形式相当分散。1965年，鉴于水资源的分散管理形式不利于全盘考虑水资源的综合开发利用，由国会通过水资源规划法案，成立了全美水资源理事会（Water Resources Council），同时改建各流域委员会。水资源理事会由美国总统直接领导，并由联邦政府内政部长牵头，其他各有关部级领导参与，其职能侧重于水及其有关土地资源的综合开发规划，并向水资源理事会提出规划及实现规划的建议。此后，美国对水的管理由分散走向集中。但这种由美联邦政府集大权的水管理方式与各州政府间产生了一定的利益冲突。20世纪80年代初，美联邦政府撤销了水资源理事会，成立了国家水政策局，只负责制定有关水资源的各项政策，不涉及水资源开发利用的具体业务，具体业务交由各州政府自行全面负责，管理形式又趋于分散。1993年，密西西比河大水后，一些联邦机构、州和一些组织又提出恢复水资源理事会或组建类似组织，从流域的全局性加强水资源协调管理的建议。进入21世纪，美国联邦和州政府都开始重视水环境资源的流域管理，对水管理也越来越突出以流域为单元，将流域各方面问题综合起来进行集成化管理。集成化管理（integrated water management）是指在水资源系统各因素之间、利益团体之间存在矛盾和冲突的现实状况下，采用法律的、经济的、行政的、技术的、信息传播、启发教育等多种形式和手段，通过对各利益集团之间的协调以及各个子系统之间相互作用关系的综合考虑，从利益团体的职能以及各子系统自身功能两个方面出发，把子系统的关键要素有机组织起来，在此基础上进行决策，并控制系统运行以达到决策目标的过程。在流域内设立流域委员会（或流域管理局），由公众代表、州政府与联邦政府人员共同组成，对流域水质的保护由联邦、州环保局制定标准、水环境管理政策，并提供资金，让流域委员会具体实施。然而这种管理的机构没有充分的管理权限，在管理上缺乏一致性。之所以出现这样的问题，学者们归结为在流域管理上联邦政府缺乏污染控制和其他环境问题方面的全面和绝对的管理权。

3.4.2.4 现行流域环境管理机制

在美国的流域环境管理中，实行权力相对集中和统一领导的体制。在联邦与地方之间，权力主要集中于联邦；在联邦机构之间，权力主要集中于联邦环保局。联邦环保局根据全国的水环境状况和地理特点分为10个环境保护区域，并在各区域设立地区办公室，代表联邦环保局行使职权。环保局负责制定有关条例、规范、标准、基准等管理规定，并监督其他有关机构实施。对于违法行为的处罚，环保局享有监督和在一定条件下取代其他机构直接实施的权力。在流域环境管理中，广泛地应用了现代化的手段。如全球定位系统、地理信息系统和遥感技术，使流域环境机构更好地发挥了监督管理作用。

美国的流域环境管理模式从组织形式上可分为两类模式：

（1）流域管理委员会模式。流域管理委员会就是对跨越多个行政区的河流流域，由代表流域内各州和联邦政府的委员组成流域管理委员会。委员会的日常工作由委员会主任主持。各州的委员通常由州长担任，来自联邦政府的委员则由美国总统任命。《流域管理协议》是流域管理的重要法律依据，由流域管理委员会在民主协商的基础上起草，流域内各委员签字后开始试行，然后作为法案提交国会通过。根据法律授权，流域管理委员会制定流域综合规划，协调处理全流域的水资源管理事务。如萨斯奎哈纳流域委员会、德拉华流域管理委员会、俄亥俄流域管理委员会等。萨斯奎哈纳河（Susquehanna River）流经人口稠密的美国东海岸，它是联邦政府划定的通航河流，因涉及联邦和三个州的利益，需要三个州和联邦政府协调涉水事务，且需要建立一个管理系统以监督流域自然资源利用等实际需要，促成了《萨斯奎哈纳流域管理协议》（Susquehanna River Basin-Compact）的起草，并经国会通过，成为国家法律得以实施。这部协议提供了一个萨斯奎哈纳流域水资源管理的机制，指导该流域的水资源的保护、开发和管理。在它的授权下成立了具有流域水资源管理权限的流域水资源管理机构——萨斯奎哈纳河流域管理委员会（The Susquehanna River Basin Commission，SRBC）。流域管理委员会填补了各州法律之间流域管理的空白。委员会更注重公众的水资源权宜，不仅保护了环境，而且还促进了经济发展和社会繁荣。

（2）流域管理局模式。1933年5月，依据美国国会通过的《田纳西河流域法案》，成立了隶属于联邦政府的田纳西流域管理局（TVA），其是美国总统罗斯福为摆脱大萧条而实施新政的一项重要措施。TVA主要职能包括防洪、航运、发电、供水、环境保护、娱乐等六个方面，以梯级开发为主对田纳西流域资源进行统一管理。田纳西河流域管理局被授予了很大的独立自主权，可以根据全流域开发和管理的宗旨修正或废除与该法有冲突的地方法规，并制定相应的规章条例。另外，管理局还可以跨越一般的政治程序，直接向总统和国会汇报，从而排除其他行政力量的干涉。国家以优惠的经济条件和政策扶持田纳西流域管理局，并通过管理局扶持地方经济发展。经过 70 多年的管理，流域自然生态环境得到改善，经济飞速发展，基本实现了良性循环。流域管理局既具有政府职能且运行灵活，又具有企业组织的优点，是美国流域统一管理机构的典型代表，也是世界上第一个流域管理机构，其后在世界范围内派生出了多元化的流域管理模式。

3.4.2.5 美国流域环境管理的成功经验

如上所述，美国除了建立了较为完善的管理机构外，同时配备了一套严密的申请、审批、规划、实施和监督制度。美国小流域治理项目从申请、审批、规划到实施全过程十分严密。第一，美国小流域管理对于许多细节问题都提出明确要求，例如农业部要求涉及超过 500 万美元或建造一个占地超过 2500 英亩的任何单一结构体的流域计划需要国会的批准。第二，美国小流域项目管理十分严格，要求项目目标明确、规划详尽。项目的前期必须经过大量调查，摸清流域存在的问题，提出有针对性确定解决问题的方案。项目没有经过一定权限的批准不允许开展工作，也不能边实施边规划。第三，美国小流域前期工作详尽，USDA 有一项专门的计划针对流域前期的调查和规划——WSP，该项目的目的是协助联邦、州、地方机构和部落政府保护流域减轻侵蚀、洪水、泥沙危害，并保护和开发水资源和土地资源。调查和计划内容包括流域规划、流域调查和研究、洪水灾害分析、洪泛平原管理。该项工作有利于解决小流域资源问题非工程措施方案。第四，美国小流域对于项目后续监管严格，NRCS 会随时跟踪、评估、检验治理工作，确保治理效果。工程结束后，美国也会定期检查和恢复流域基础保障设施，确保设施的稳定性。

同时，美国小流域治理制定相关政策时会综合考虑侵蚀控制、防洪、农业用水管理、鱼类和野生动物发展、市政或工业供水、公共娱乐发展、水质管理以及地下水补给等方面。国家配备了一系列政策用于小流域治理，如可耕种湿地项目（FWP）、草原储备计划（GRP）、环境质量激励计划（EQIP）、紧急流域保护计划（EWP）、保护储备计划（CRP）、保护储备增强计划（CREP）、紧急保护计划（ECP）、集水区防洪操作计划（WFPO）、流域调查和规划（WSP）、流域恢复计划（Rehab）、流域基础设施修复等。

美国小流域治理还强调多个政策综合运行，相辅相成，实现效益最大化。政策由美国农业部与当地承办者（其他联邦、州和地方机构，部落政府和非政府团体）协助施行，由多个土地所有者或土地管理者在公共或私人所有权界限内土地上综合解决自然资源问题，并提供技术和财政援助。例如五大湖恢复倡议（GL-RI），由 NRCS 投入流域 3400 万美元资金，考虑多项政策相结合（CPR、CPER、EQIP、Rehab、WFPO、WSP 等）实现非点源污染控制、野生动物栖息地恢复、陆地物种入侵控制和保护漫滩及购买开发权。GLRI 合作伙伴包括土壤和水源涵

养区的资源保护和发展委员会，土壤和水源保护区的国家协会，州，县（市）政府、大学和推广机构、国家野生动物保留地以及环保组织。

除此之外，美国农业部在全国各地设有 NRCS、FSA、RD、RC&D 等约 3300 个外地办事处，提供科学知识、技术和工具，以帮助生产商、地主、部落、州和地方政府实现小流域管理。此外，美国农业部拥有将近 1500 名认证技术服务供应商（个人、私营企业、非营利组织或公共机构）以补充项目劳动力。这些较为完善的管理机构确保小流域相关法律法规得以贯彻实施。

田纳西河流域管理作为美国流域管理史上的一个成功的特例，最大的成功之处就在于其将经济手段有效地运用到流域管理中，实现了经营上的良性运行。田纳西流域管理局不仅是联邦政府的权力机构，同时也是一个经营实体，目前它已经发展成为全美最大的电力生产商。这种管理形式自 20 世纪 30 年代首次在美国出现至今，仍然是美国唯一的例子，TVA 包揽了当地的主要经济领域，成了河流流域所在各州的一个经济上独立的王国。

3.4.3 澳大利亚的流域环境管理实践

3.4.3.1 流域环境管理机制

澳大利亚的水管理体制大致为联邦、州和地方三级。澳大利亚于 1963 年成立的国家水资源理事会是该国水资源方面的最高组织，由联邦、州和北部地区的地方部长组成，联邦国家开发部长任主席，理事会下设若干专业委员会（Powell，2002），这些专业委员会从下属的各水管理局以及有关的地方政府机构中抽调人员组成。理事会负责制定全国水资源评价规划，研究全国性的关于水的重大课题计划，制定全国水资源管理办法、协议，制定全国饮用水标准，安排和组织有关水的各种会议和学术研究。

3.4.3.2 流域环境管理成功经验

墨累-达令（Murray-Darlin）河流域管理是澳大利亚水资源管理的一个重要的特色和经验。墨累-达令（Murray-Darlin）河流域是澳大利亚最大的流域，也是世界上最大的流域之一。该流域的水资源管理过程是一个不断发展的过程，体现了经济社会发展以及水资源状况的变化对加强流域管理的客观要求。最初的流域管理从 1863 年墨尔本会议开始，那时水的问题还不突出，州与州合作的愿望还不是很强烈，对流域水问题进行统筹考虑的议事还不强。19 世纪末，人口主要聚集区发生了严重干旱和用水冲突，该流域连续 7 年发生了大旱，严重的水资源矛盾迫使 3 个州的决策者走到一起，共商水资源的治理、开发问题。1902 年，科罗瓦非政府组织会议上达成了一个综合开发流域可操作性协议的意向，经过长时间的反复磋商，成立了墨累-达令流域委员会，并由该委员会负责分水协议的执行。

在分水协议的指导下，流域管理走上了稳定发展的轨道，流域水资源得到较好的开发和利用，支撑了流域内经济社会持续60年的大发展，使这一地区成为澳大利亚经济最发达的地区之一，其农业产值占全国农业总产值的41%。但是，到20世纪60年代，随着社会经济的发展，由于用水增长导致河道水量减少，墨累河滋生的大量蓝藻造成震撼全国的水质危机，促使政府对水资源的承载能力进行重新评估，强化了保护方面的责任，加强了各方面的协调与配合，达成了控制流域协议（J. M. Powell，2000），并启动了以控制水的需求为主的水改革。1987年签订墨累-达令分水协议，取代了原协议。同时联邦政府提出水改革计划，保护地下水，并促使各州进行改革。各州把水权从土地中剥离出来，明确水权，开放水市场，允许水权交易，并改革供水业管理体制，组建政府控股的供水公司，赋予企业和经营者更大的自主权；最后建立完善的水价体系，将污水处理、水资源许可等费用计入水价，推行两部制水价，对用水量超过基本定额的用水户进行处罚，并且建立各种用水户的协会，鼓励社会公众参与水资源管理。

3.4.4 莱茵河的流域环境管理实践

3.4.4.1 莱茵河简介

莱茵河发源于阿尔卑斯山北麓的瑞士，是位于欧洲西部的最大河流，也是一条与农业、工业和沿岸人民生活密切相关的重要河流，总共涉及9个国家，流域面积大约18.5万平方千米，长度达1320km，平均流量为每秒2200m^3，是名副其实的国际性大流域。莱茵河具有良好的水流条件，常年自由航行里程超过700km，是世界上最繁忙的内陆航道之一。莱茵河不仅作为一条航运的通道发挥着内陆航运的功能，而且在阿尔萨斯平原开发水电，在河流下游逐渐变为供水水源。同时，莱茵河沿岸又是化学工业和其他工业的主要基地，在20世纪欧洲工业化发展中，莱茵河周边建起了密集的工业区，以化学工业和冶金工业为主。

莱茵河因大部分河段在德国境内（约1100km），被称为德国的“母亲河”。20世纪50年代，德国莱茵河流域的鲁尔工业区煤炭、化工、钢铁等企业迅猛发展，人口迅速增加，水上交通繁忙，大量的垃圾、工业和生活污水被倾泻到莱茵河，使莱茵河成了“欧洲下水道”。从1900~1977年，莱茵河中的铬、铜、镍、锌等金属离子严重超标，河水已达到有毒的程度。20世纪中叶，莱茵河发生了许多污染环境的重大事故。20世纪70年代，德国莱茵河汇入莱茵河口至科隆的200km河段中鱼类完全消失，有些河段水中溶解氧几乎为零，河水散发阵阵臭味，引发了欧洲社会的极大关注，一些国家开始重视莱茵河流域的治理工作。

3.4.4.2 莱茵河治理历程

莱茵河的治理可追溯到20世纪中叶，1950年7月荷兰提议成立莱茵河保护

国际委员会（ICPR），早期成员有荷兰、德国、卢森堡、法国和瑞士，共同应对莱茵河污染问题，欧盟于1976年加入该组织。ICPR作为区域性国际组织，其连接和纽带作用非常显著。ICPR主要有两部分组成：一是政府之间合作机构，另一部分是非政府组织机构，两者相互协调合作，共同构成莱茵河跨国合作机制。它有三个层次：第一个层次是权力机构，包括全体会议和协作委员会，最具实权的是各国部长级会议；第二个层次是秘书处和项目组，负责在决策通过后实施战略措施；第三个层次为专项工作组和专家组，在每个项目中，工作组和专家组相互配合，共同完成专项工作。同时该组织不仅设有政府组织和非政府组织参加的监督各国计划实施的观察员小组，而且设有许多技术和专业协调工作组，包括水质、生态、排放、防洪、可持续发展规划等工作小组，将治理、环保、防洪和发展融为一体，形成了统筹兼顾、综合治理的科学理念和整体战略。

1976年12月，ICPR成员国签署《莱茵河氯化物污染防治公约》。该公约规定，1980年1月1日之前，法国要削减60%的氯化物排放量，荷兰、德国和瑞士分别承担治理费用的34%、30%和6%。尽管20世纪80年代前期做了不少治理工作，但未能解决莱茵河的物种消失问题，生态退化依然很严重。1986年发生桑多斯污染事件，这为新法规的出台创造了重要条件。在德国民间环保组织的积极参与下，莱茵河治理出现转机。1987年保护莱茵河国际委员会制定了《2000年前莱茵河行动计划》（RAP）。按照这个行动计划，力争用先进的技术手段和严格的生态指标，促进莱茵河生态系统的恢复，并制定莱茵河预警机制以防止突发污染事件发生。德国确定了消失物种要重回莱茵河、河水要始终适合作为饮用水、河底沉积物基本不含有害物质的三大治理目标，并提出到1995年主要有害物质的排放量要在1985年的基础上减少50%～70%的刚性指标。见表3-3。

表3-3 《莱茵河行动计划》（RAP）的目标和主要行动

目　标	主要行动
1. 至2000年莱茵河的生态系统要恢复到高等生物（如鲑鱼）重回莱茵河的程度； 2. 必须保证莱茵河沿岸的饮用水安全； 3. 减少有害污染物，改善沉积物污染状况。当沉积物用作陆上或海上的填埋材料时不会对生态环境造成负面影响	1. 在莱茵河整个范围内，制定量化的水质标准； 2. 与1985年排放量相比，至1995年43种（组）污染物的排放量要削减50%，这一指标根据各国不同工业使用的先进处理技术不同而不同（1990年铅、镉、汞和二噁英的削减量增至70%）； 3. 开发和实施相应措施减少意外污染事故发生； 4. 拟定扩散污染源调量计划草案，以及扩散型污染削减时间表； 5. 水文、生物和河道调整计划的开发和实施

注：来源于翁鸣．莱茵河流域治理的国际经验——从科学规划和合作机制的视角［J］．民主与科学，2016，12：39～43.

《莱茵河行动计划》实施结果表明，大部分目标已经完成甚至超额完成。

1985~2000年，大部分点源污染源的处理率达70%~100%，生活废水和工业污水的处理率也达到85%~95%，莱茵河的大部分物种已开始恢复，部分鱼类已经可以食用。这项治理计划显示，以科学论证和规划为指导，以生态环境的整体改善为前提，以高等水生物为生态恢复指标的做法取得了成功。

3.4.4.3 莱茵河治理的成功经验

莱茵河流域途径多个国家，多国之间合作治理是成功的重要因素。莱茵河合作治理的核心机制是莱茵河保护国际委员会，该流域组织合作的原则是：以成员的共同认识作为合作的基础，只有取得共识，才能形成真正的合作。需要指出的是，ICPR的前身是一个自由的国际论坛组织，随着社会公众对莱茵河污染的关注度越来越大，客观上需要有一个专门的研究和监督机构，于是该论坛就发展为莱茵河沿岸国家和欧盟代表共同组成的国际组织。由此可见，ICPR的诞生是与该流域人们对莱茵河治理的共同认识密切相关。即使ICPR成立后，该组织仍然保持着一定的非官方色彩，仍然具有各国政府与非政府组织合作、官方组织与学术机构合作的特征，这充分体现了上述共同认识已经渗透到ICPR的理念之中，并转变为人们的社会实践。从这个意义上讲，共同认识就是莱茵河合作机制得以生成并发挥重要作用的思想基础。

ICPR的成功还在于整合了政府与非政府力量之后，确实既发挥了政府的法律保障、制度保障和制度约束的作用，同时又发扬了非政府组织在国际性、动员性、超前性和监督性方面的作用。ICPR的显著成就与其政府性组织提供的较为完善的制度保障紧密相关。

ICPR制度保障包括：一是综合决策机制。莱茵河是一个综合性系统，并具有跨境性，要用一种整体的观点看待其治理。ICPR部长级会议规定，各流域国家应在ICPR的主持下，就流域重大事项进行协商和决策，将人口、资源、环境与经济协调、可持续发展这一基本原则融入决策之中。二是沟通与协调机制。"协调机制能节约合作的运行成本与参与者之间的交易成本"。通过设定合理的协调机制，ICPR能够激励人们为集体做贡献，从而实现个人积极维护公共利益，最终取得治理成效。三是政府间的信任机制。一切合作都是建立在信任的基础之上，"互相信任可以推动地方政府间合作，减少集体行动的障碍，出现一个正和的博弈结果"。ICPR通过树立"共赢"的利益意识，使流域内上下游的各地方政府意识到构建共同治理水污染目标的重要性和紧迫性，强化了认同感，促进了各地政府更好的合作。四是流域环境影响评价机制。合理的评估是确定问题的重要途径，国际流域环境影响评估制度要求流域所在国对其即将实施的有关项目进行跨界影响评价，同时还将项目提交给流域管理机构和国际组织进行评价，这是保证ICPR流域管理落到实处的重要环节。

3.4.5 国外流域环境管理实践对中国的启示

从以上介绍的几个国家和莱茵河的流域管理情况可以看出，尽管各国政治体制迥异、经济制度不同，但各国政府和跨境莱茵河流域各国对流域作为独立存在的水系的基本规律都有着一致的认识，并依照本国的实际情况，尽可能以流域为单位实行统一规划、统筹兼顾，在实践中推陈出新，积累了富有各国特色的管理经验。同时各国流域管理更加趋于建立以综合管理为基础，国家职能部门和地方政府监督、协调相结合的管理体制。这对改善中国的流域环境管理具有启迪和借鉴价值。

3.4.5.1 充分认识流域的生态价值高于经济价值

法国、美国、莱茵河流域各国的自然环境、政治体制与传统文化不同，但都普遍认同流域是一个大的景观系统，与人类社会、经济发展息息相关，为了流域的可持续发展，人类必须在利用知识同自然合作的情况下，建设一个较好的环境。如在莱茵河流域整治中，各国一个鲜明的特点是以生态系统恢复作为莱茵河流域环境建设的重要指标。中国在开发利用和治理流域环境的过程中，如果对流域的价值合理使用，可以给我国人民带来开发的利益和提高生活质量的机会；如果使用不当或轻率地使用，就会给环境和社会的发展造成无法估量的损害。

3.4.5.2 从流域的整体性出发实行统一管理

随着社会的进步，影响流域环境的因素已经不再是单纯的自然因子，还有社会因子和经济因子，流域各项环境问题间具有很强的渗透性，其区域空间相对宽长，属于典型的公共问题，不能片面、分别看待。

在对水资源的管理上，发达国家都很重视对水、土和其他资源的综合管理，遵循流域资源的自然特性，依照本国国情设计了流域管理体制，对流域的管理由分散逐步走向集中，即由分部门管理逐步走向由流域管理机构管理。如法国国家一级的水资源管理机构（部际水资源管理委员会）是由环境部（现称国土整治与环境部）、交通部（现称装备、交通与住房部）、农业部、卫生部等有关部门组成，对流域水资源管理负有监督职责。美国 DRBC 在流域水资源管理、自然生态保护（水土保持、渔业及野生动物保护）、土地利用管理方面也具有广泛权利。澳大利亚墨累-达令流域管理就是要实现墨累-达令流域水、土与环境资源的平等、高效和可持续利用。

同时，国外先进流域综合治理的目标已经不再是防涝抗旱、水土流失、水质达标等基本目标，它们将农业管理、水上休闲、鱼塘开发甚至更高层次的电力、航运等内容纳入流域生态综合治理中，将整个流域视为一个完整的生产单元，实现流域管理效益的良性循环。一些国家设置了跨部门和跨区域的流域开发规划、协调和管理部门。法国组建了综合性的跨部门、跨行业拥有管辖权的一体化机构城乡环境部，将原分散在各部的流域环境管理事宜移交城乡环境部，改变了流域资源管理和流域污染控制上的相互交叉和相互推诿的混乱局面，取得显著成效。德国、美国等发达国家也通过组建流域管理机构，按流域进行统一管理。

中国以科级化的政府系统为主体的传统管理模式在面对流域污染治理这类棘手的公共问题的一直没有取得成效显著的治理效果，已经很难适应需求、显现成果；同时，中国政府也深刻地认识到保护和修复流域生态系统是一种线性工程，单靠治理污染是没有实质作用的。无论下游的治理如何投入，如何有成效，上游如果一片狼藉，流域治理是收不到任何效果的，反而变得更严重。因此，从流域的水土流失控制、污染治理，到生态系统的修复，再到生态控制线范围内农民生活水平的提高以及农业生产方式的转型升级，都需要我国各流域进行统一的综合管理。

3.4.5.3　注重流域开发规划的科学论证

许多发达国家在流域环境管理中，十分重视科学论证，以使治理开发和工程项目实施建立在科学基础上。为确保流域开发规划更具有科学性，许多国家都非常重视“智囊团”的作用。美国在流域开发过程中，十分注意同有关高等院校、科研机构和企业集团的力量合作，并建立科学实验机构。中国也应该加强和科研院所和各大高校的合作，让最新最前沿的研究成果在流域各项管理机工程措施中及时落地。

3.4.5.4　制度的精心设计和有效实施

西方各国都很重视流域立法，将流域机构的设置和权限分配纳入法律规范之中。美国的田纳西流域管理局是根据美国国会关于开发田纳西流域的法案成立的。莱茵河保护委员会的最高决策机构为各国部长参加的全体会议，每年召开一次，决定重大决策。每隔两年，保护委员会就每个国家实施治理情况作报告，对成员国施加无形压力。因为荷兰处于最下游，受河水污染危害最大，对于治理污染最有责任心和紧迫感，因此，秘书长始终是荷兰人，主席则由各成员国轮流担当。中国也应尽快制定和颁发有关流域治理的专门法规，使流域的治理有法可依。

3.4.5.5　广泛应用经济手段

由于直接管制政策实施的效率成本过高，欧美各国都在尽可能减少政策的采用而更多地使用经济手段，这是一些国家流域环境管理取得成功不可缺少的基本

条件。各国在流域环境管理中，在财政、金融、信贷、税收、投入等各个方面给予扶持，包括设立价格体系、用水和污水处理收费体系、财政支持体系、水权交易体系，以及鼓励私人机构的参与等。中国除了可以借鉴各国的经济运作模式外，也可以尝试推广近年来兴起的公私合营模式（PPP），在政府与社会主体间建立起“利益共享、风险共担、全程合作”的共同体关系，使政府的财政负担减轻，也使社会主体的投资风险减小。

3.4.5.6　鼓励公众参与管理

基于流域环境管理的广泛性和社会性，不同国家都十分重视流域资源管理体制中的民主协商和公众参与监督，并将其作为流域环境管理的关键因素。如法国的流域委员会就采取“三三制”的组织形式，即 1/3 的成员由国家和专家代表产生，1/3 的成员由选民产生，1/3 的成员由用户代表产生，称之为“水务议会”。美国在流域管理委员会的工作制度中规定了委员会会议的旁听制度、听证会制度、顾问委员会制度和基本资料的联网检索制度等。法国的流域委员会的组成人员基本上是由地方代表、用户代表和政府有关部门的代表组成。澳大利亚在流域水资源管理体制中规定了专门的社区咨询委员会。可以看出，各国都以立法作为流域管理的基础和前提，成立强有力的流域管理机构，这个管理机构注重国家、地方政府、相关行业管理部门共同参与，充分听取公众和其他利益主体的意见和建议，通过协商对话获得公众的充分支持。中国也应该创建一些适合各流域民众和社区参与共同管理的机制和策略，鼓励公众以主人翁的姿态参与到流域的管理中。

3.5　中国小流域环境综合管理机制改善的政策建议

当前中国从小流域到流域综合管理工作中需要解决两方面的问题：一是解决结构性干预的问题，包括数据采集、基础设施的运营和维护；二是制度性干预的问题，如政策、宣传推广等。这两类都很重要，而且是相辅相成的。对于结构性干预，中国已经开始加大力度着手这方面的建设，但成本较高、效果有限，仍需加大力度干预。制度性的干预往往是无形的，但只有解决制度性问题，才能保证结构性干预工作的合理性。相比较而言，中国现行小流域政策满足不了解决现阶段问题的需要。所以，今后中国应从政策体系入手，首要解决政策缺乏的问题，充分考虑各利益相关方的意见，加速小流域管理制度体系的建设，保证管理的合理性和可持续性。

3.5.1　行政管理机构和体制的改革

为实现从小流域到流域综合统一管理，需建立决策、执行、监督三种职权相分离的管理机构组织框架，其设置如图 3-2 所示。

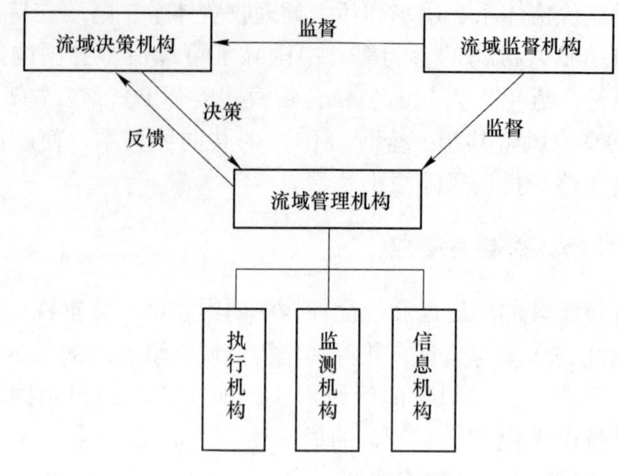

图 3-2　流域管理机构框架

3.5.1.1　流域决策机构

流域决策机构是流域管理的决策机构和最高权力机构，其成员由政府及各行政主管部门的负责人、流域内各市（县、区）负责人以及用水户代表若干名等组成。主要职能是制定政策（包括生态补偿政策、排污权交易政策等），规划各行政区域用水方案、排污方案等。关系到国家可持续发展基础性的大江大河流域，可直接由中央政府管理。

3.5.1.2　流域管理机构

流域管理机构是流域管理的具体办事机构，包括执行机构、监测机构、信息机构等，主要职能是负责具体的流域水事活动，其中包括定期发布各监测断面的水环境质量状况，其成员由拥有丰富实践经验的管理人员和专家组成。该机构在流域的各县市设有办事处，办事处是执行机构的派出单位，其人事任免、薪金标准由执行机构决定，各办事处归执行机构管理。流域内各省、市、县水资源管理部门和环保部门只负责流域执行机构下达的水资源利用方案和排污方案的执行。

3.5.1.3　流域监督机构

流域监督机构是独立设置的监督机构，其主要职能是监督管理、实施国家法律法规和流域决策机构制定的政策、规划、用水方案和排污方案等。

流域监督机构的设立，可针对中国小流域治理中存在的偷工减料、原材料质量差、技术不规范等问题，加强监管力度。具体包括建立质量目标责任制，以纠

正少数领导只为捞政绩而忽视工程质量的错误做法；建立质量保证体系，从资金、人力等多方面保障工程质量；实行工程质量监理制，确保工程质量；工程管理不能只重视建设，不重视后期运行。

3.5.2 完善立法

小流域工作面涉及较广，包括农、林、水、环保、土地等多个行业和部门，目前中国小流域治理法律法规建设仍然滞后，缺乏小流域管理的法律保障，没有专门针对小流域治理的法律，主要还是依托于现行的水土保持法，经常出现法律法规交叉的问题，例如水土保持法律和国务院《土地复垦条例》对开发建设项目废弃地的复垦、植被恢复都有具体的规定，每一部行业法律法规站在自身行业的需求出发，很有可能导致法律的交叉和矛盾。中国需要在法律统筹方面加强建设，充分考虑利益相关方的需求，避免政出多头、交叉管理的现象。面对中国目前立法中存在的问题，需要首先在实行统一立法的基础上，对重要的流域如黄河、长江实行专门的流域立法，使其更有针对性；其次，在行政契约等法律手段保障的前提下，加强中国跨行政区水资源立法，强化流域管理机构执法和执法监督的职能。同时，要加快立法进程，并相应制订流域管理基本原则、基本法律制度和运行机制。在立法过程中，应当增加利益相关方的立法内容，还需要规定流域上下游的补偿原则，采取适当的经济手段，调解上下游的矛盾。

3.5.3 建立生态补偿和征税机制

所谓流域生态补偿机制，即通过一定的政策手段实行流域生态保护外部性的内部化，让流域生态保护成果的受益者支付相应的费用，实现对流域生态环境保护投资者的合理回报和流域生态环境这种公共物品的足额提供，激励流域上下游的人们从事生态环境保护投资并使生态环境资本增值。通过财政转移支付等手段对上游为保护水资源而做出的经济利益的牺牲给予补偿，这样流域污染的治理难题才能有效地解决。另外，对高污染企业征税也是防治污染的有效方式，包括对高污染产品进行征税和对资源或原材料征税。此外，通过明晰产权的方式，也可以使外部性内部化。

3.5.4 构建公众参与机制

公众（一般是指社会大众，包括自然人、法人和社会团体）是水资源使用和水环境污染控制的直接参与者，他们的参与将会大大提高流域管理规划的可行性及水资源管理的效率，同时其防治污染的意识将得以增强，积极性提高。最重要的是对破坏环境的各种行为可以起到有力地监督作用，实现既自上而下又自下而上的管理模式。近些年，公众也对流域污染的问题越来越重视，但同时，公众自身生产、生活方式的落后对流域造成了污染，而公众又不具有足够的能力来治理流域污染问题。因此，地方善治离不开政府与公众共同的良性互动。

目前，中国小流域管理工作中，非官方组织、群众参与度远远不够。为此，中国应该加大宣传推广力度，提高民众环保意识，并出台相关政策，吸引社会组织、群众参与到小流域管理建设中。

同时需要注意的是，在当前的社会治理中，逐渐涌现出很多不同的参与对象，但是这些参与对象有的只是形式上的参与，并没有发挥实质效用，甚至有的还会产生反作用。从政府的角度来说，不希望出现因为参与者的参与情况不达标而导致治理质量差的情形；从其他参与者的角度来说，会存在某些只在乎个人利益的参与者利用“搭便车”的心理而随便糊弄，不出工也不出力，毫不在意参与的结果，将参与变成“水中月、镜中花”的情况。这些情况都会严重损害实质上的参与，所以要加深对参与的理解。参与不是“喧宾夺主”，也不是盲目追求，所有利益相关者都应该进入角色，通过有效的沟通协商，加入实际的决策中，并对最终的决策负责任。

3.5.5 宣传推广经验

小流域治理的受众是广大群众，如果治理得不到群众理解和支持并参与其中，小流域的治理效果将会大打折扣。美国的水土保持工作方针是建立在保护机构和维护土壤生产力基础上的，水土保持知识的宣传普及活动深得人心，人们能自觉地参与水土保持。美国相关机构通过印发大量水土保持宣传册，组织学生开展短期水土保持活动等方式，宣传普及水土保持知识，提高了群众水土保持意识。不仅仅是美国，其他国家也积极将群众因子纳入其各项法律法规政策中，例如欧盟共同农业政策（Common Agriculture Policy，CAP）和地中海地区灌溉用水可持续利用项目（SIR RIMED 计划）都积极鼓励农民自主维护农村和环境，促进其充分参与。因此，要想获得成功的治理，做到及时而广泛的宣传推广是必不可少的。

4 城乡小流域环境综合治理模式与技术

在20世纪80年代提出小流域综合治理的概念后，其内涵随着小流域管理目标或技术方法的变化而演变。对小流域综合管理模式的研究和认识从最初的预防山洪到多目标治理和建设，技术方法也包括从简单的工程措施到当前的工程、生物和经济措施。小流域治理实现了从简单的人工关键治理到人工管理与生态恢复结合，从保护治理到治理和发展的过渡。在长期发展变化的过程中，小流域治理越来越受到重视，反映出全面系统的思维。

国内外小流域治理模式已在第二章小流域治理发展历程中有论述，本章主要阐述小流域综合治理模式和技术的最新研究进展。我们谈论小流域综合治理技术，主要从小流域水土流失导致环境污染的产生和污染迁移两个阶段来论述。首先，小流域污染的产生阶段包括点源污染和面源污染，其中点源污染涉及污染源本身，涉及人们的生活、农业生产、工业生产，涉及国民经济所有的行业，点源污染的治理技术主要根据污染源本身的性质来选择。水污染迁移的治理主要采取生态修复的方式来完成。

4.1 城乡小流域环境综合治理模式研究进展

传统的农村环境整治采用村庄整治模式，专项治理和改革，治理措施孤立、单一，缺乏统一的规划和总体布局，很难适应当前生态环境建设的新要求。为此，北京林业大学王雪在北京郊区创建了农村环境综合整治生态清洁小流域建设了新模式。该模式以小流域为单位，以水源保护为中心，坚持生态优先原则，建立生态恢复、生态管理和生态保护三个功能区。根据各功能区的特点，划分相应的管理措施，采用工程措施和生物措施的综合处理，建设生态清洁的小流域，保护水源，减少水土流失，改善农村环境，促进山区农村资源、环境、社会和经济的可持续发展。以石景山区五里屯生态清洁小流域综合治理项目为例，研究表明：生态清洁小流域综合治理可以显著提高山区农村的保水性和土壤保持性，提高无害化处理率和污水处理率，有效控制人为污染，改善水质，节约水源，增加植被覆盖率，增加土地利用面积、水资源利用率和经济作物产量，提高农民收入水平。良好的生态、经济和社会效益将有助于实现北京农村的可持续农村发展。该模式对北京郊区农村环境建设具有现实指导意义，值得总结经验和推广应用。

从复杂生态系统的角度来看，传统的小流域治理模型缺乏对小流域生态、经

济和社会因素的综合考虑，往往导致治理效率低下和治理的长期可持续性。国家海洋局第三海洋研究所张超在方溪滨海小流域治理之后，在美丽的厦门建设背景下探索了综合管理模式。在梳理分析国内外小流域治理进展的基础上，系统分析思路，综合运用相关基础理论。从生态系统的角度来看，小流域综合管理模式的研究和分析是小流域复杂生态系统中生态、经济和社会三个子系统的协调、控制和管理工程。

北京林业大学孙艳红在可持续发展理论、景观生态学原理和水土保持原则的指导下，对延庆县 21 个小流域进行了调查。应用聚类分析、多层次模糊评价方法和 Topsis 方法研究延庆县小流域综合治理模式和效益评价。这为北京市水土保持生态建设提供参考和科学依据。通过问卷调查，研究了解了人们对小流域治理措施及相关政策的态度，以及综合流域管理措施的实施效果；揭示了延庆县小流域综合治理存在的问题，并对存在的问题进行了分析。建议小流域综合治理应体现以人为本的观念，调动人民群众参与治理的积极性；改善当地人民生产生活条件，加强人民群众宣传教育等对策。研究还选择了沟壑密度、人均密度、人均耕地、耕地面积、森林面积、果区、梯田坝区、生态林区、经济林区和治理区作为分类指标，采用聚类分析方法将 21 个小流域综合管理模型划分为三类：生态、农业和经济。此外，该研究还使用 AHP 得出权重值进行效益分析。根据综合加权反馈，土壤侵蚀模数的治理程度和人均纯收入是小流域综合治理的主要影响因素。该研究还采用多层次模糊评价方法评价小流域综合治理效果：生态效益达到中或良；基于农业治理模式的小流域的生态效益和经济效益相对较差；小流域以经济治理模式为主，经济最为突出。通过多级模糊评价方法和 Topsis 方法得到的效益评价得分的直线拟合方程的拟合度相对较高。表明这两种方法在评价小流域综合治理效益方面具有一定的可靠性，可为小流域治理效益评价提供科学依据。该研究的主要创新点是采用了定量的方法对小流域治理模式进行评价，得到更加具有说服力的结果。

西南农业大学李瑞雪利用地理信息技术对三峡库区小流域现状、治理优化模型和决策支持系统进行了研究。提出了三峡库区山区小流域治理的优化模型，分析了三峡库区小流域的形成特征。在 GIS 技术和数学模型应用的基础上，预测了三峡库区水土流失量；结合自然资源分化的特点和典型小流域的社会经济结构，提出了一个小流域区域治理模式和发展战略。

华中农业大学赵爱军运用系统理论、资源价值论、水土保持、生态学、生态经济学等多学科理论和方法，将规范分析与实证分析、定性分析和定量分析以及博弈论相结合。在系统分析中国小流域综合治理的历史和现状以及一些具有代表性的国外小流域综合治理模式的基础上，对我国小流域综合治理的理念、主体、法规体系、社会伦理、效益评价体系、资金投入、技术支撑、机构设置、实施机

制等方面进行了探讨，建立了小流域综合管理定量评价体系，构建了相应的制度框架。新模式包括以下 4 个要素：科学和谐的治理理念、多元化的投融资机制、技术体系的不断完善、政府主导的市场运作组织。最后，理论与实践相结合，通过研究，提出新模式和对策，有助于促进小流域综合治理、实现可持续发展的两个基本目标。

陕西师范大学陈建英从小流域综合管理模式与经济社会发展阶段的匹配出发，采用问题树分析法分析了陕西省渭北绥化县秦庄沟流域的经济社会发展状况和综合治理过程，明确了传统农业阶段秦庄沟流域的经济社会发展现状，其综合管理正处于基于水土保持措施的小流域改善阶段。陈建英在秦庄沟流域进行了大量实地调查，获得了小流域可利用和调控的水资源总量，获得了关于土地资源和土地利用模式的准确信息，并对人口、交通、农业基础设施、水土保持措施和农民经济状况进行了全面调查。通过调查研究得出：小流域目标体系禀赋水资源和土地资源的有效利用是影响小流域综合治理的关键因素，小流域微尺度空间存在巨大差异，并对土地利用空间异质性规律进行了详细研究，找出了这些差异的原因。该研究还结合家庭、村干部访谈和地方政府部门的协商，对秦庄沟流域所有农户从工程、农业、生态、水资源利用、人居环境和管理等有关水土保持认知的详细信息等方面进行了问卷调查，首次对秦庄沟流域村民对水土保持措施的认知进行了系统分析，确定了 28 项具有较为普遍意义的具体措施。研究发现，当地村民对传统的水土保持措施，如山谷、梯田、淤泥坝和森林草有很高的认识和认知，反映小流域水土保持设计中先前林草措施的科学性和有效性；在饮用水安全、淤泥坝基础道路、减灾和预防、人类住区和用水方面，与人民生活相关的措施在认知和期望方面存在显著差异。利用 IPA 方法研究村民对小流域水资源保护和控制措施的认识，不仅为分析水土保持措施的社会效益提供了依据，也为渭北旱塬村民参与式综合治理理论模型的设计提供科学依据。该研究还使用系统动态模型编写了 51 个模型参数方程和 11 个状态方程。首次设计了秦庄沟流域生态、经济和社会治理的可持续发展子模型和 SEE-SD 模型（社会—经济—发展系统）。在 Vensim 软件的支持下，小流域的 SEE-SD 模型可用于优化和调整各种参数。结合优选方案，建议稳定粮食生产，确保生活，关注斜坡，提高植被覆盖效率，合理利用水资源，发展生态农业，促进经济发展。河北省渭北小流域综合治理战略成功实施，提高了人居环境质量。

福建师范大学的王德光以石漠化治理模式为研究对象，以广西全区为研究区域，采用系统化的研究方法，综合运用地理学、系统科学、信息科学、生态学、应用数学以及喀斯特科学的知识与原理分析了广西喀斯特石漠化治理模式的现状、分类体系以及典型模式，构建以 WSR 系统理论为基础的石漠化治理模式，以小流域为基本治理单元对广西全区进行小流域治理模式分区，以 CBR 技术为支撑，研发实现了广西石漠化治理模式案例库，以提高石漠化的治理效率；以耦合理论为指导进行治理模式的优化布局，以提高治理效益并协调发展。其研究将广西全区划分为208个小流域，进行可控石漠化治理。然后利用聚类分析方法从县域的角度对小流域治理模式进行了聚类分区，将立地条件、石漠化程度、社会经济属性类似的小流域聚类到一起，创造性地开发了广西石漠化治理模型案例库管理系统，收集成功经验，提高治理效率。

4.2 面源污染主要治理技术

面源污染，在国外也称为非点源污染（non-point source pollution）。目前，点源污染逐步受到控制，如城市污水处理厂，工业园区污水处理设施等都是控制点源污染的工程措施；然而，流域污染仍然严重。中国自从20世纪80年代改革开放以来，随着经济的增长，污染也逐渐增加，污染的治理也是从无到有，一开始主要是针对点源污染，每个城市都建设了污水处理厂，每个工业园区都要求污水得到处理，从一开始的污水散乱无序的排放到后来的均有治理措施，点源污染在很大程度上得到了治理。但是，流域的污染依然严重，这主要来自于暴雨的冲刷，导致地表的污染物被冲入水系当中。我国的主要湖泊（太湖、巢湖、滇池等）受到非点源污染的严重破坏。

4.2.1 非点源污染研究发展趋势

从21世纪初，中国在非点源污染方面的研究开始呈现爆炸性的增长，CNKI与非点源污染相关的文献数量总共有3546篇，从2000年开始呈现爆发式增长，2012年达到292篇（图4-1）。

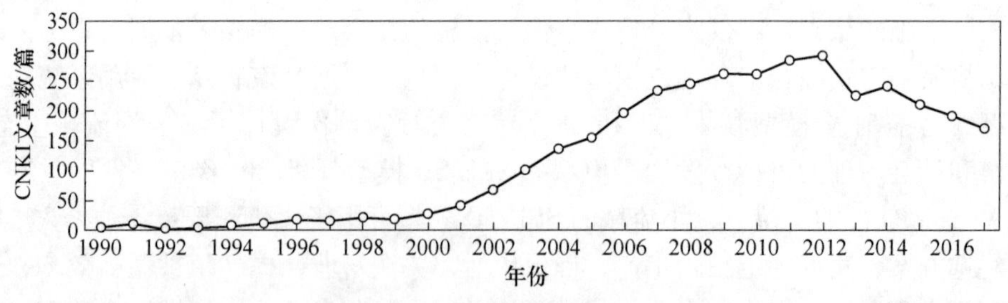

图4-1　非点源污染研究论文数量

从图4-2关键词共现网络来看，非点源污染研究机理方面，主要采用的研究手段是采用数学模型，最常用的模型主要是在GIS平台上运用SWAT模型开展研究。在研究对象中，主要关注农业面源污染和非点源污染对水质氮磷的影响。主要研究方向是针对水环境容量和污染负荷。

从关键词的数量来分析，剔除“非点源污染”及类似的关键词，出现频率

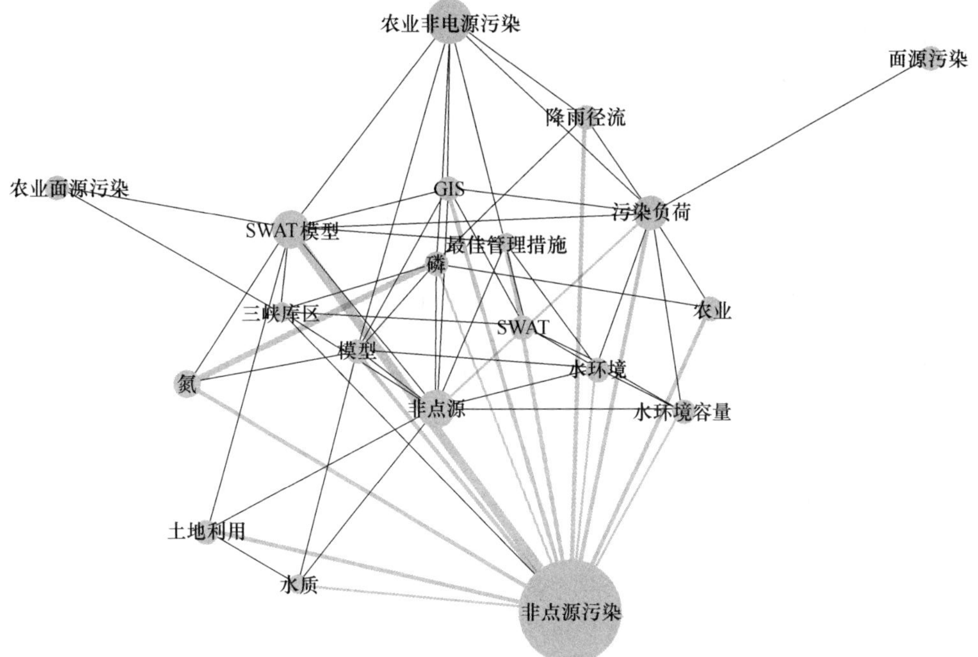

图 4-2 非点源污染研究关键词网络图

最高的是 SWAT 模型，其次污染负荷、氮、GIS、模型、土地利用、磷等这些关键词出现的频率较高（图 4-3）。

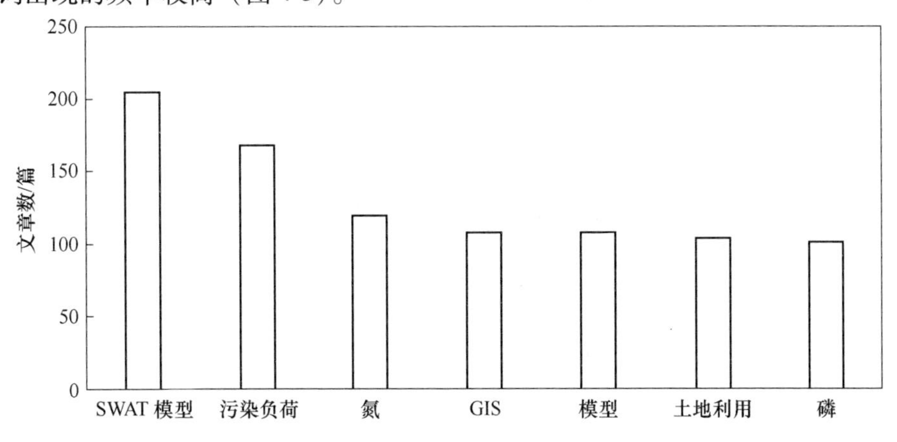

图 4-3 非点源污染研究关键词频率图

从非点源相关研究资助的情况来看，仅统计国家级项目，最主要的来源是国家自然科学基金（图 4-4）。

从涉及的学科分布来看，环境科学与资源利用方面的文章最多，其次是农业方面的学科文章，最少是水利水电工程方面的文章（图 4-5）。

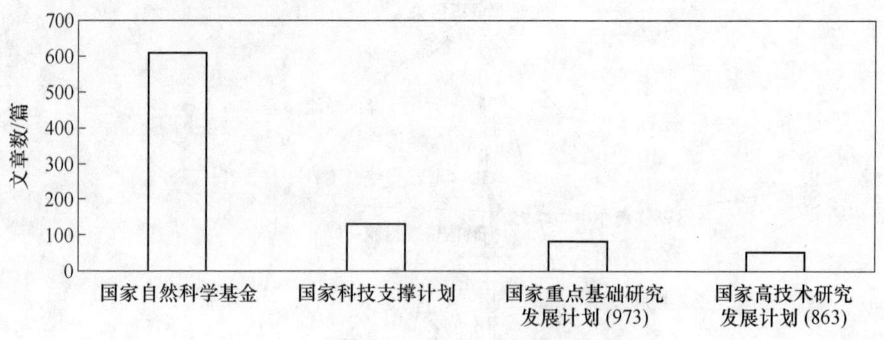

图 4-4　非点源污染研究基金资助情况

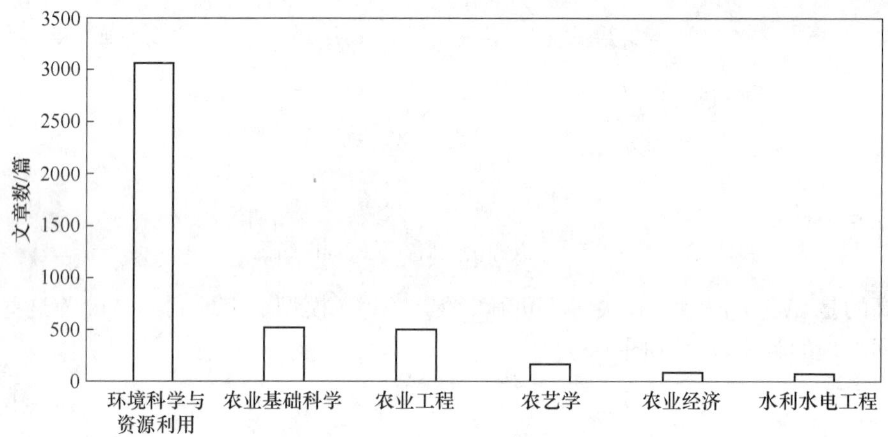

图 4-5　非点源污染研究相关学科

4.2.2　非点源污染主要治理技术

目前，中国小流域非点源污染的主要来源是流域内化肥和农药的不合理使用。在此阶段，主要根据不同污染源及其污染特征选择非点源污染控制技术。针对化肥农药的不合理使用造成的面源污染主要采取测土配方、缓控释肥和保护性耕作技术等。

4.2.2.1　测土配方

测土配方基于测量土壤营养元素，了解土地的肥力、酸度和碱度、微生物等的结果，并总结了那些作物品种适合种植的情况。或者针对该地块种植某类作物所需要的营养成分还有那些欠缺，进行定量化的分析，根据分析结果，得到科学的施肥方法，在保证作物正常生长的前提下，尽量减少施肥量。测土配方不仅可

以节省农民的肥料支出，还可以减少农业面源污染。目前针对测土配方的研究在CNKI里面检索到11692篇文献。根据关键词出现网络（图4-6），测土配方技术的研究主要针对水稻、玉米、小麦、马铃薯和油菜等我国重要的作物来开展，主要研究施肥技术以及产量和经济效益评价。

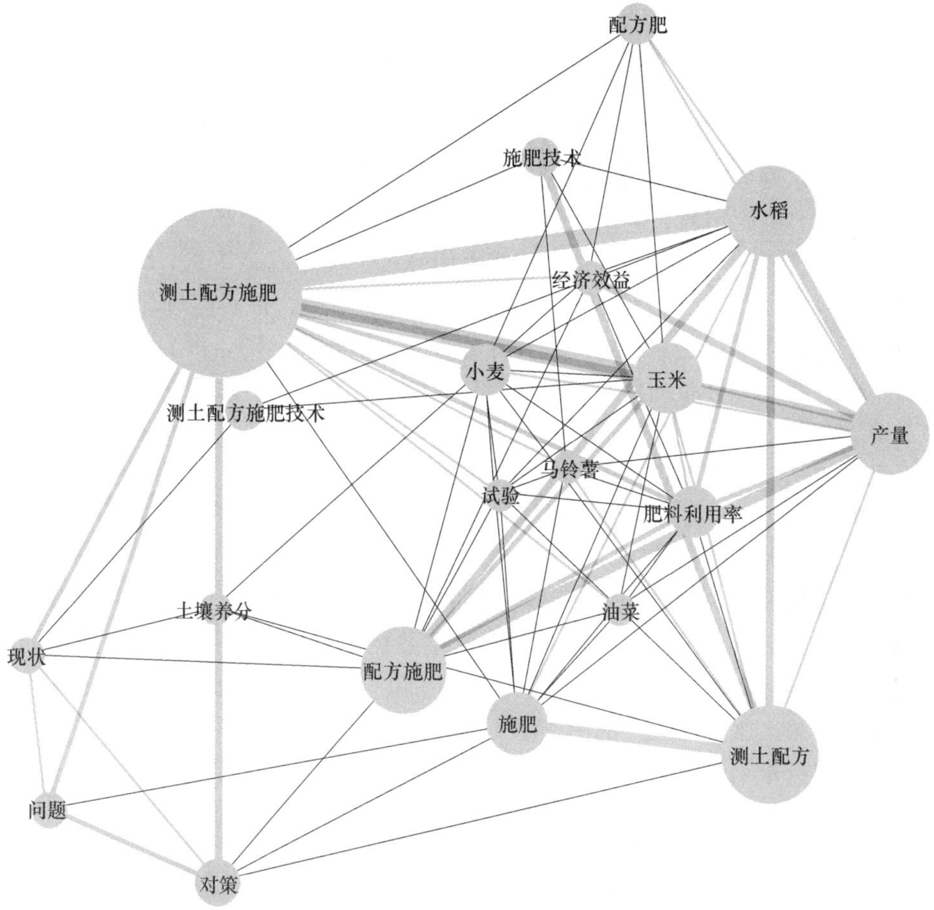

配方肥
施肥技术
水稻
测土配方施肥
经济效益
小麦
玉米
测土配方施肥技术
产量
马铃薯
试验
肥料利用率
土壤养分
油菜
现状
配方施肥
施肥
测土配方
问题
对策

图4-6 测土配方研究关键词网络图

目前在测土配方的研究有以下主要进展：

钱伟飞等人对张家港市水稻土和潮土进行测土配方并对氮、磷、钾肥的利用效果进行了评价。结果表明，与传统施肥相比，水稻土施肥中氮、磷、钾的利用率分别提高了7.0个，5.6个和2.4个百分点；对于潮土型，水稻配方施肥对氮、磷、钾肥的利用率分别提高了5.4个、6.3个和6.9个百分点。

文建平研究了水稻土测土配方和常规施肥对水稻主要经济性状、产量和经济效益的影响。通过测土配方处理的早、中、晚稻品种增加了产量和收益，实现了经济和环境效益的统一。

广东省农科院土壤肥料研究所的徐培智等针对冷浸田土壤养分有效性低的特征，通过“3414”回归最优设计原理方法设置水稻肥效试验，研究了土壤测试和配方施肥对水稻产量的影响。结果表明，各配方处理的水稻产量均有所提高。在氮、磷和钾三个主要元素中，氮对水稻产量的影响最大。结合当地农业生产和施肥经验，建议每亩施肥量为氮肥 11～13kg，磷肥 3～4kg，钾肥 8～11kg。

山西省农业科学院农业环境与资源研究所的杨治平、郭军玲等研究人员以应县为研究区，遵循“氮肥总量控制，分期调控及磷、钾恒量监控”的技术原理，依据测土配方施肥项目田间试验数据和土样分析数据，采用肥效函数法模拟了测土配方施肥项目的现场试验数据，确定了研究区平均适宜施氮量。综合运用营养丰富度指数法和肥效函数法建立磷钾营养丰富度指标，推荐磷钾肥施肥指标体系。基于 GIS 技术，建立区域土壤养分分布图，推荐氮，磷，钾养分量，建立区域氮、磷、钾养分分布图。并选择适合县级推广的春玉米专用肥配方。根据应县氮、磷、钾营养空间变异特征，形成 11 种特殊肥料配方。该研究将 GIS 技术与测土配方施肥技术相结合，推动了测土配方施肥项目的应用，为县域春玉米营养资源的有效利用提供了参考。

中国农业大学经济管理学院的马骥、李莎莎等研究人员研究了中国农民对测土配方施肥技术认知的差异性及其存在的原因。他们对 11 个粮食主产省份的 2172 位农户进行了调查，建立计量经济模型并运用有序多分类 Logistic 模型回归方法进行实证分析。研究结果表明：不同性别的农户对测土配方施肥技术认知差异较大，而测土服务对农户的测土配方施肥技术认知影响程度最深，因此建议在测土、施肥技术培训等环节必须增强对农户的服务力度，这样才有助于提高农户对测土配方施肥技术的认知度。研究结果还表明：种植大户在培养农户测土配方施肥技术认知方面能发挥重要作用。

常州大学环境与安全工程学院的柴育红等研究人员采用生命周期分析方法系统评估了山东省聊城市玉米测土配方施肥的直接与间接环境效益。对玉米施肥生命周期资源消耗与污染物排放进行清单分析，并以习惯施肥区为参照对象评估其实现的净资源节约与污染物减排效益。结果表明聊城市测土配方施肥项目显著减少了玉米生命周期资源消耗与污染物排放量。环境总效益呈逐年下降趋势，这是由于习惯施肥与测土配方施肥的差距越来越小，农民肥料投入趋于理性，表明测土配方施肥通过示范起到了较好的辐射推广作用。

中国农业科学院农业环境与可持续发展研究所的张卫红等研究人员研究了测土配方施肥技术的节肥、减少温室气体排放效果。结果表明：到 2013 年，测土配方施肥技术总计减排量达到了 2500. 35 万吨二氧化碳，每公顷土地节约了

27.23千克氮。同时，氮肥的生产的减少使得能源得到节约，节约了583.45万吨标煤的能源，由此减少了1328.52万吨二氧化碳的排放。测土配方施肥技术不仅可以节约氮肥用量，还可以降低温室气体排放量。

4.2.2.2 缓控释肥

缓释肥料（slow/controlled-releasefertilizer，CRF）是一种有机氮复合肥，可以通过生物或化学作用分解。控释肥料是一种应用于常规肥料表面的特殊材料薄膜，对生物和化学作用不敏感。缓释肥料的设计原理是根据作物生长不同阶段对养分的需求来控制养分的释放速率和释放。营养素释放曲线与作物对营养素的需求曲线一致。缓/控释肥料具有减少施肥量、提高肥料利用率、节约化肥生产原料、减少生态环境污染的优点。此外，由于我国农村劳动力外出打工等因素导致农业劳动人口大量减少，缓控释肥技术通过一次施肥就可实现作物全程的肥料需求，是一种可以节约劳动力又有生态环境效益的技术，很适合在我国推广。CNKI检索到1062篇关于缓控释肥的文献。目前主要针对小麦、玉米、棉花、水稻等主要作物的应用效果、经济效益、肥料利用率等开展研究，如图4-7所示。

缓/控释肥料是一个新的术语，诞生于20世纪40年代，世界上第一个缓释缩合肥料——尿素-甲醛由美国人K. G. Clart等人合成。随后，欧洲、日本相继开始了相关的研究。中国起步略晚，20世纪60年代末，中国科学院南京土壤研究所在国内首先研制成功了包膜长效碳酸氢铵肥料。目前针对缓控释肥的研究主要着眼在包膜材料的研究和效果的评价方面。

包膜材料是现代缓/控释肥料核心技术之一。包膜材料可分为3类，即无机低溶解度化合物涂层、物理屏障控释涂层和有机化合物涂层。目前，它广泛作为高表面活性矿物、有机聚合物、抑制剂等的涂料。高表面活性矿物质（如沸石）肥料是一类廉价的慢效肥料。有机聚合物包括天然聚合物、合成聚合物、半合成聚合物等，以及天然聚合物材料，如橡胶、木质素和淀粉；来源广泛，易于生物降解，而合成聚合物分解相对缓慢且成本高。

在包膜材料方面主要有以下研究进展：

郑州大学万亚珍等人以改性地沟油为主要涂层剂，对缓/控释肥料进行了试验。已经开发出符合GB/T 23348—2009产品标准并且产品成本低的涂覆工艺。研究成果极大地促进了产品的产业化。

华中师范大学的曹郁、王青等人选择几种常见的多糖材料（罗望子胶、黄原胶、瓜尔胶），与硅藻土和尿素按一定比例混合均匀制备成缓释肥料内核，在外层包裹罗望子胶，和硅藻土用交联剂交联，制备成初级缓释肥。随后利用保水剂增加包裹，观察吸水保水效果。制备聚乙烯醇薄膜和聚丙烯酸酯薄膜，涂覆在缓

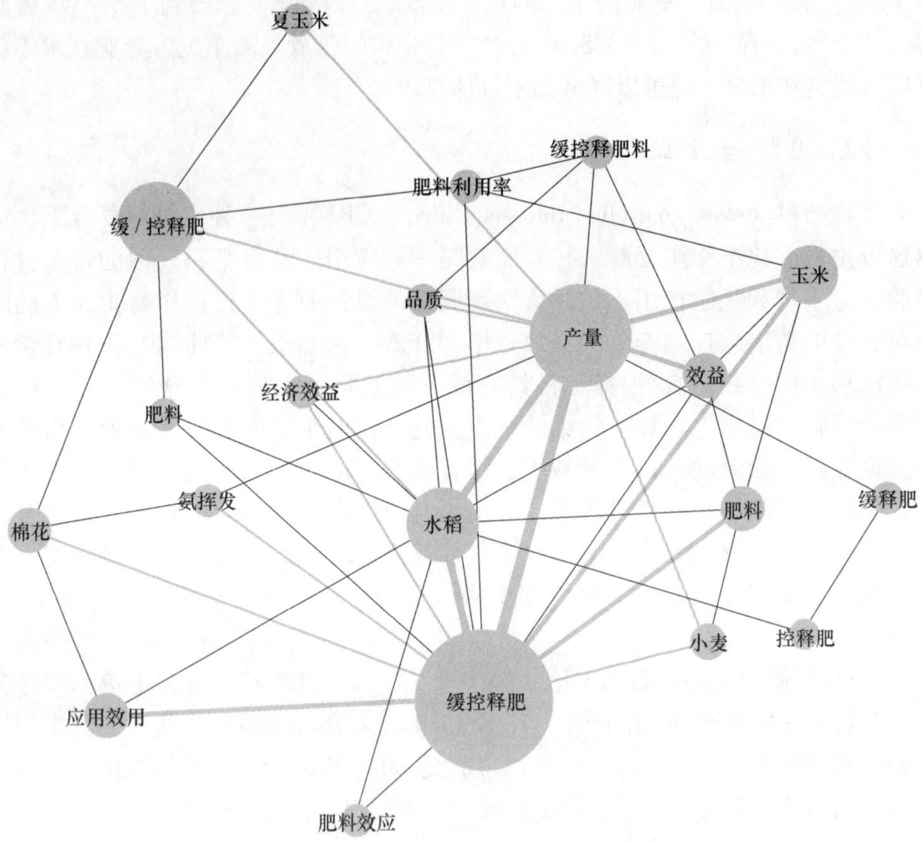

图 4-7　缓控释肥关键词网络图

释肥最外层，降低水和营养液的透过率，提高缓释性。通过测量缓释肥料的性质等发现了合适的制备方法。上述研究结果对可降解的生态友好型的包膜材料的应用具有很好的指导意义。

在效果评价方面主要有以下研究进展：

南京农业大学邢晓明等人研究认为掺混肥在提高水稻群体叶面积指数、干物质、光合势及产量上优于 4 个月树脂尿素和硫包衣尿素两种缓控释肥方式，一基一蘖施肥方法优于一次性施肥处理。与常规地区高产施肥相比，组配的掺混肥配合施用分蘖期速效氮肥能显著提高水稻的光合产量。

江西省农业科学院土壤肥料与资源环境研究所的侯红乾等人研究认为减量20%施用缓控释肥能显著提高水稻氮素吸收量和含量，氮肥吸收利用率、农艺利用率、偏生产力均显著提高。

青岛农业大学农学与植物保护学院的姜雯认为增加缓/控释肥料的用量可显著降低玉米空秆率，单穗重增加，玉米产量提高。

4.2.2.3 保护性耕作

保护性耕作技术是在农田上实施免耕和少耕，并尽量减少土壤耕作和翻动，用秸秆和残渣覆盖表面。这种先进的农业耕作技术可以减少土壤风蚀、水蚀，提高土壤肥力和抗旱性。保护性耕作技术的要点是免耕或免耕施肥技术、秸秆和残茬覆盖技术、杂草和害虫防治技术以及深松技术。

要实现保护性耕作，必须将机械化作为实现四项技术实现的先进技术、设备和手段。它基于各种农业机械的整合，是农业机械和农学的完美结合。

早在20世纪初，美国就大规模推广免耕技术，主要研究传统机械化耕作措施的土壤侵蚀问题；不断改进传统耕作设备和耕作方法，研究免耕、深松的保护性耕作方法；20世纪50年代以后，主要研究进一步控制田间杂草的蔓延，并通过增加田间的秸秆覆盖率来增加总的作物产量。随着科学研究的不断发展和深化，农业机械化免耕技术和秸秆覆盖技术的同步发展，机械化免耕和秸秆覆盖等理论和技术问题得到进一步解决。20世纪80年代以后，随着国外农业机械的不断完善，作物种植结构的调整，除草剂的使用得到改善，保护性耕作技术在一定程度上得到了迅速而稳定的发展。根据美国保护性耕作信息中心（CTIC）数据，在半干旱和低温北部平原和玉米带中，保护性耕作面积为50%~63%。根据2002年的数据，美国65%的干旱和半干旱农田采用了这种保护性耕作技术。它已在大豆、玉米、高粱和小麦等经济作物中得到广泛应用和推广。自20世纪60年代以来，加拿大、澳大利亚和南美洲的一些国家引入了保护性耕作技术，开展相关实验并取得一定成效，以促进和应用于不同范围。随后推广的面积也不断扩大，已将近1.33亿公顷。

20世纪90年代以前，中国的保护性耕作技术处于试验研究阶段，机械化、免耕和保护性秸秆覆盖技术尚未成熟；农民的意识不强，他们受传统耕作方法的影响。据统计，20世纪90年代以后，随着研究的不断深入，各种保护性耕作技术的应用领域不断增加，国家财政同时拨款2.8亿元，在中国北方大面积地展示和推广。从2003~2012年，保护性耕作面积逐年增加，从2005年的36万公顷增加到2012年的666万公顷。保护性耕作具有传统耕作或强烈耕作无法比拟的许多好处。如减少劳动力、节省时间、节省燃料、减少机器磨损、提高土壤耕作能力、增加土壤有机质、锁定土壤水分、提高水分利用效率、减少水土流失、改善水质、增加野生动物、改善空气质量。

CNKI检索到的保护性耕作的文献有8060篇。从图4-8关键词网络可以看出，保护性耕作技术的研究热点主要是采取保护性耕作措施之后对于产量、水分利用等的影响的研究。

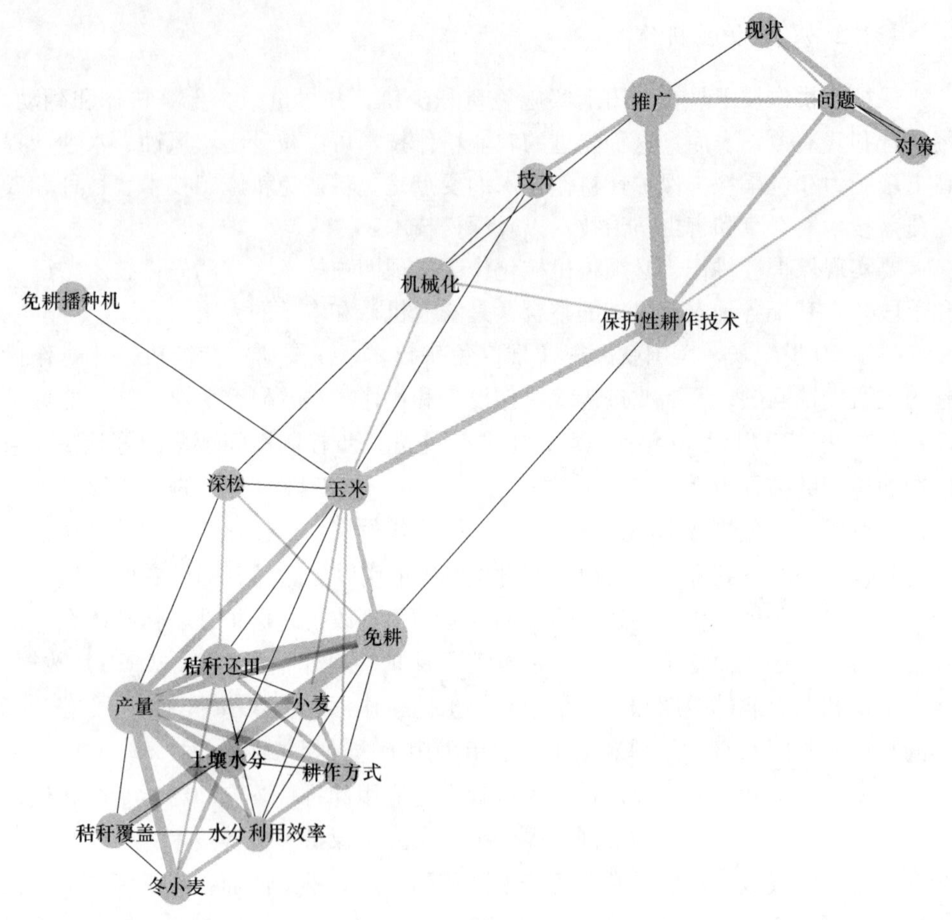

图 4-8　保护性耕作关键词网络图

目前在保护性耕作方面的研究进展如下：

在中国西南紫色丘陵区，旱地面积占耕地总面积的60%以上。鉴于该地区浅层土壤的特征和存在严重的土壤侵蚀，一些学者发现，以垄作和秸秆覆盖的保护性耕作具有提高作物产量和有效控制土壤侵蚀的优点。这是一种适合西南丘陵地区可持续农业发展的农业模式。西南大学农学与生物技术学院的熊伟和王隆昌研究了旱地蚕豆、玉米和甘薯土壤的碳排放特征。发现从农田碳平衡和经济-环境效益综合考虑，垄作结合秸秆全量覆盖具有最大的碳汇能力和最优的经济-环境效益。

河南省农业科学院植物营养与资源环境研究所丁金利等人基于河南省 2011~2016 年长期定位实验数据，分析了不同耕作措施（传统耕作、免耕和深松处理）对土壤水分、作物产量和水分利用效率的影响。结果表明与传统耕作相比，免耕

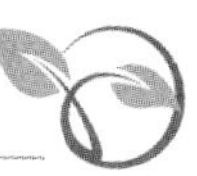

增加了冬小麦在拔节、开花、灌浆和成熟以及0~100cm土壤中的平均含水量。深松栽培没有显著提高拔节期冬小麦的平均土壤含水量。此外，与传统耕作相比，免耕可以显著提高冬小麦的产量和水分利用效率，特别是在干旱年份。因此，免耕蓄水和产量增加的效果明显优于干旱年份的深松栽培。

中国科学院遗传与发育生物学研究所农业资源研究中心围绕农业资源的有效利用和可持续发展，建立了农田土壤—农作物—大气系统（SPAC）界面节水调控的理论和技术。提出了基于农田水量平衡的休耕轮作和水分种植系统的调整思路，明确了农田碳氮循环特征、温室气体排放和硝态氮淋失通量。通过水盐运输机制和厚煤气区硝酸盐转化和减量机制的突破，开发了快速采集和精确管理农田生产信息的技术产品和平台。它与农业发展紧密结合，整合了一系列农业生产技术模式，为区域农业的优质高效发展和水资源的可持续利用提供理论和技术支持。该研究中心胡春生等人解决了华北平原缺水地区农田生产效率低下和地下水严重过度开采造成的生态环境问题。以建立缺水地区保护—栽培一体化技术为目标，在国家科技支撑计划长期支持下，建立了华北平原最长的长期保护性耕作长期定位试验平台（2001），对小麦/玉米两季保护性耕作理论及关键技术进行了研究。它集农机与农学相结合的高产节水保护性耕作技术体系于一体，并在河北省进行了广泛的示范和推广。制定了河北省地方标准，如华北平原冬小麦/夏玉米一年两种作物区域保护性耕作技术体系。与农业和农业机械部门的联合示范促进了河北省保护性耕作技术的推广和应用。成果在河北平原冬小麦/夏玉米一年两熟区进行了示范推广，社会效益和生态效益显著，2013年获河北省科技进步一等奖。

保护性耕作技术已经在山西省临沂市尧都区进行了20多年的试验、示范和推广，取得了良好的经济、社会和生态效益。根据山西省临汾市农业机械科学研究所和尧都区农业机械技术推广站的张林田和贾朝晖的研究成果，该地区的保护性耕作与传统耕作相比，在小麦种植到小麦收割作业期间，用秸秆覆盖表面，可以有效地减少土壤水分的蒸发，增加土壤水分的使用，减少浇水，节省灌溉费用。项目实施后创造了良好的经济效益。

西北农林科技大学农学院王倩等人研究长期实施6种保护性耕作处理后11种土壤指标的累积效应，并运用主成分分析对不同耕作处理下土壤肥力的累积效果进行综合评分，以期为渭北旱塬土壤可持续利用和管理提供科学依据。结果表明，保护性耕作处理力稳性团聚体增加，土壤有机质增加，氮、磷、钾元素含量也均有提高。免耕/深松轮耕处理形成了一个相对平衡和较高肥力质量的土壤状况，为渭北旱作麦田最适宜的轮耕模式。

4.3 生态修复主要治理技术

生态恢复研究起源于20世纪初的欧洲和美国。因此，最初的生态恢复主要是废弃矿山的植被恢复。第二次世界大战以后，随着世界经济的高速发展，人们对物质的需求与日俱增，过度放牧、森林砍伐等造成的水土流失非常严重。生态恢复被广泛用作控制土壤侵蚀污染物迁移的主要技术措施，生态修复相关的研究也呈现爆炸性的增长。

4.3.1 生态修复研究发展趋势

根据 CNKI 检索结果分析，检索范围界定为期刊、硕博士学位论文和国际会议论文中有关“生态修复”的主题，论文数从 2000 年开始就一直不断增加，从 2000 年的 4 篇增加到 2017 年的 1399 篇（图 4-9）。在生态修复研究领域内，关于流域生态修复的论文从 2002 年的 1 篇增加到 2017 年的 55 篇，发文量最多的一年是 2016 年，有 80 篇论文发表；关于河道生态修复的论文数从 2002 年的 1 篇增加到 2017 年的 98 篇；关于湖泊生态修复的论文数有所波动，从 2002 年的 2 篇增加到 2017 年的 18 篇，发文量最多的一年是 2012 年的 28 篇（图 4-10）。

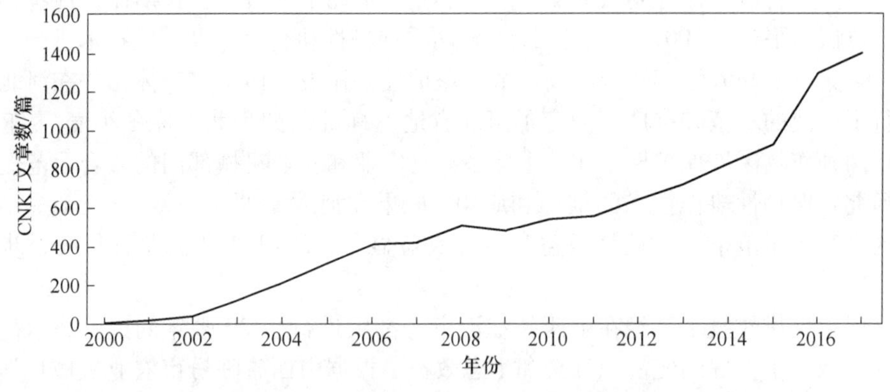

图 4-9　生态修复相关文章数时间变化趋势

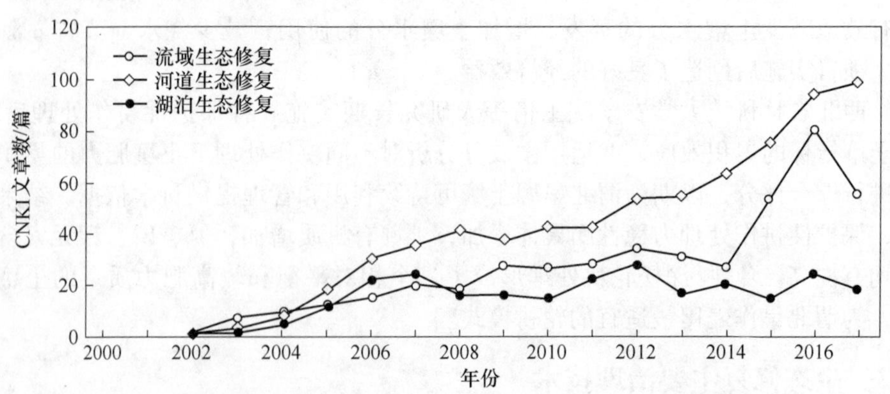

图 4-10　不同尺度生态修复相关文章数时间变化趋势

在全球最大的英文数据库 Science Direct 上进行检索，按照主题词（题名、关键词和摘要）为 ecological restoration，检索范围为研究论文（research articles）和综述（review articles），检索到的文章数量总共有 2248 篇。从各年份来看，1994 年仅有 2 篇，然后一直呈现上升的趋势，2017 年达到 307 篇。检索词换成 ecological remediation，得到的结果有 371 条，说明生态修复的英文表达在国外发表的论文中主要使用 ecological restoration（图 4-11）。

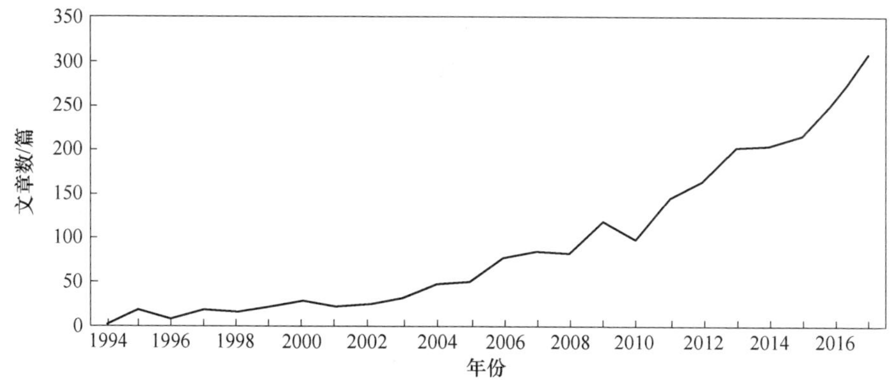

图 4-11　生态修复英文文献数量

在 Science Direct 检索有关生态修复的论文，得到的结果表明，《Ecological Engineering》（生态工程）是该领域发文量最多的期刊。其他期刊，诸如《Forest Ecology and Management》（森林生态与管理）、《Chemosphere》（光化层）、《Science of The Total Environment》（全环境科学）、《Ecological Indicators》（生态指标）、《Biological Conservation》（生物保护）、《Journal of Environmental Management》（环境管理杂志）、《Ecological Modelling》（生态模型）均为生态修复领域重要的外文期刊。

根据百度学术检索结果分析，从文章发表的级别来看，生态修复主题的中文期刊论文在中国科技核心期刊最多，占 39%，其次是北大核心期刊（36%），第三是 CSCD 索引期刊（25%）。生态修复主题文章的发文量在北大核心和 CSCD 索引期刊占到了 61%的份额（图 4-12）。

流域生态修复主题的中文期刊论文在中国科技核心期刊最多，占 38%，其次是北大核心期刊（36%），第三是 CSCD 索引期刊（26%）。生态修复主题文章的发文量在北大核心和 CSCD 索引期刊占到了 62%的份额（图 4-13）。

河道生态修复主题的中文期刊论文在中国科技核心期刊最多，占 40%，其次是北大核心期刊（38%），第三是 CSCD 索引期刊（22%）。生态修复主题文章的发文量在北大核心和 CSCD 索引期刊占到了 60%的份额（图 4-14）。

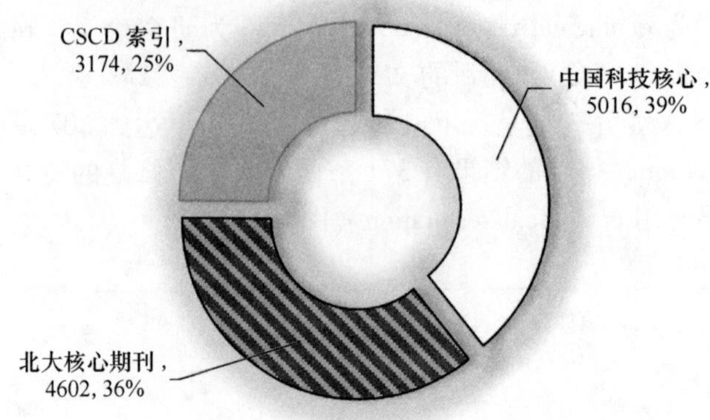

图 4-12　生态修复中文期刊发表级别

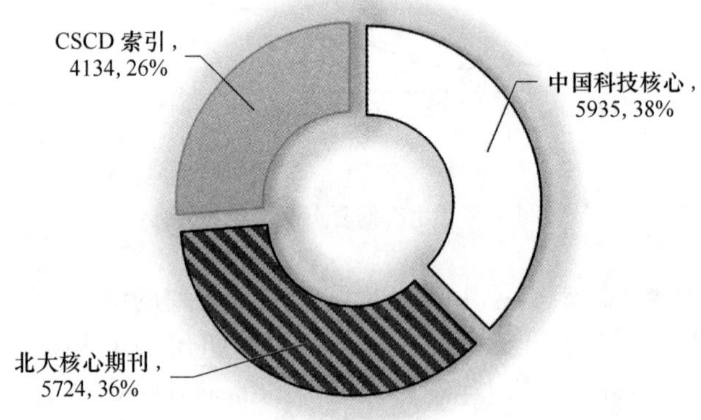

图 4-13　流域生态修复中文期刊发表级别

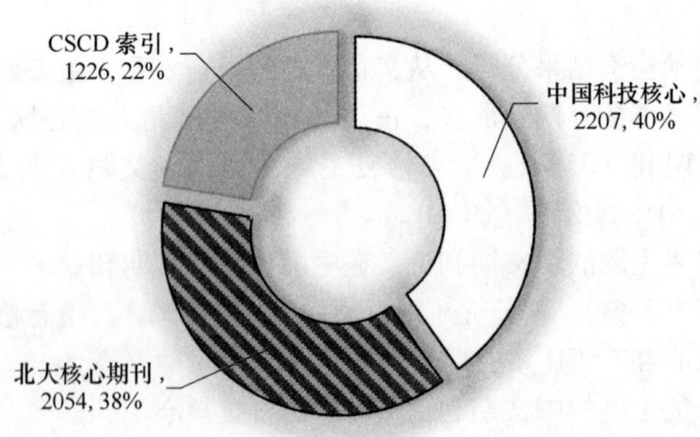

图 4-14　河道生态修复中文期刊发表级别

湖泊生态修复主题的中文期刊论文在中国科技核心期刊最多，占37%，其次是北大核心期刊（35%），第三是CSCD索引期刊（28%）。生态修复主题文章的发文量在北大核心和CSCD索引期刊占到了63%的份额（图4-15）。

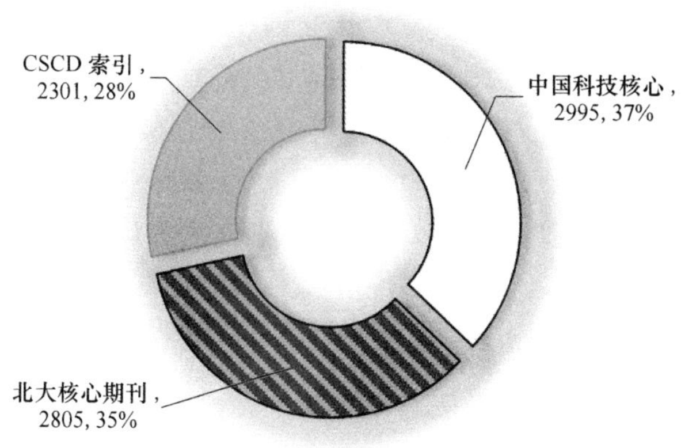

图4-15 湖泊生态修复中文期刊发表级别

根据百度学术检索结果分析。生态修复首先属于环境保护领域，所以其涉及的学科排名第一是肯定是环境科学与工程，其次是水利工程，说明生态修复和水利工程方面的应用相关密切。排名往后依次是农业资源利用、林学、地理学、建筑学等（图4-16）。

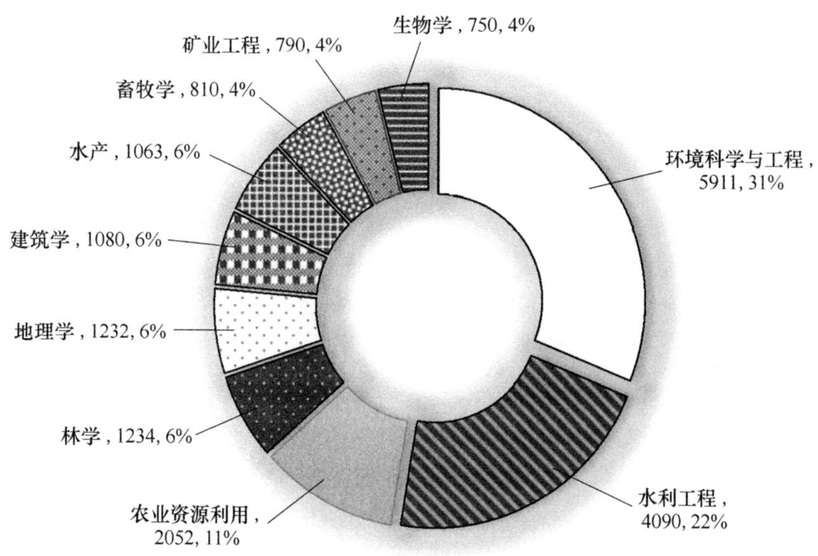

图4-16 生态修复中文期刊主要涉及学科

对于流域生态修复，与其相关的排名第一的学科是水利工程，第二才是环境科学与工程，往后依次是地理学、林学、理论经济学、农业资源利用等学科（图 4-17）。

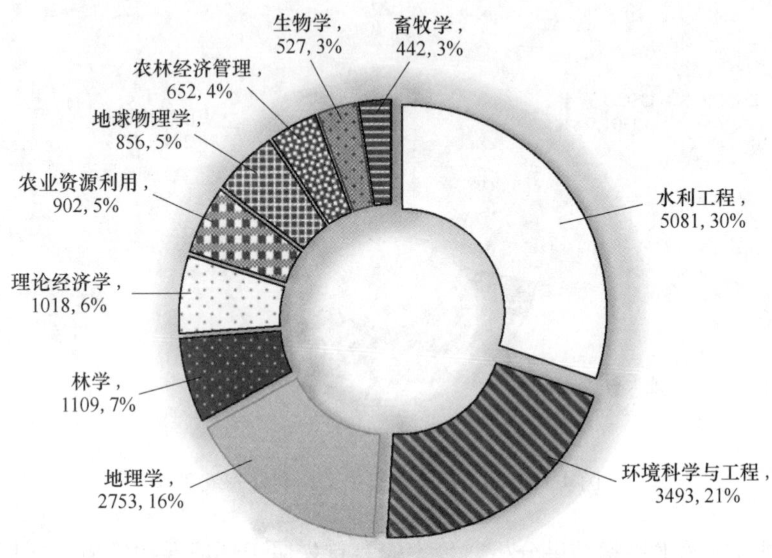

图 4-17　流域生态修复中文期刊主要涉及学科

对于河道生态修复，第一是水利工程，第二是环境科学与工程，往后依次是地理学、建筑学、林学等（图 4-18）。

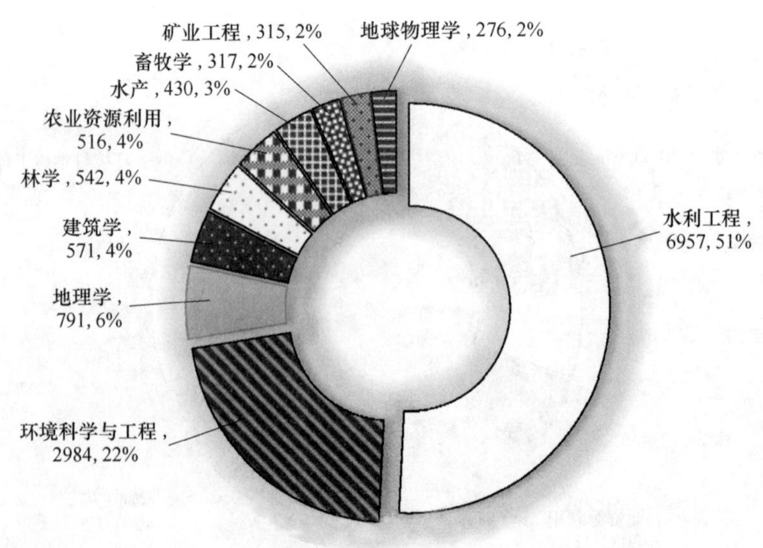

图 4-18　河道生态修复中文期刊主要涉及学科

对于湖泊生态修复，第一是环境科学与工程，第二是地理学，第三是水力学，往后依次是水产、生物学、地球物理学等（图 4-19）。

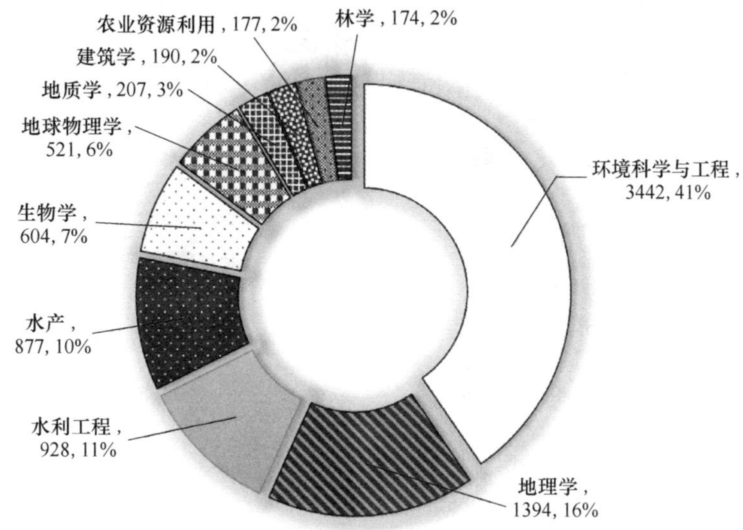

图 4-19　湖泊生态修复中文期刊主要涉及学科

在外文数据库检索得到的学科分布情况如下：

按照发文所属的学科分类来看，生态修复（ecologicalrestoration）方面的论文主要发表在生命科学（LifeSciences）、环境（Environment）、地球科学（EarthSciences）这三个一级学科，以及生态学（Ecology）、环境管理（EnvironmentalManagement）、淡水和海洋生态学（Freshwater&MarineEcology）、动物学（Zoology）、植物学（PlantSciences）、自然保护（NatureConservation）等二级学科领域。

在 CNKI 检索到的有关生态修复的论文里面，主要的关键词分布如图 4-20 所示。

从 CNKI 检索结果来分析，生态修复领域的研究层次主要分布如图 4-21 所示。

从图 4-21 的分布结果来看，我国生态修复方面的研究主要集中在工程技术方面，其次是基础与应用基础研究，然后是行业技术指导。说明我国的生态修复方面的研究层次主要还是在应用研究方面。

生态修复研究主要的资助来源分布如下：

这里仅列出来国家级的资助情况，其数量为来自于各类基金资助的发文数量。从图 4-22 可以看出，有关生态修复相关的研究所发表的论文里面，来自于国家自然科学基金资助的研究发文量是最大的，占了一半的发文；其次是国家科

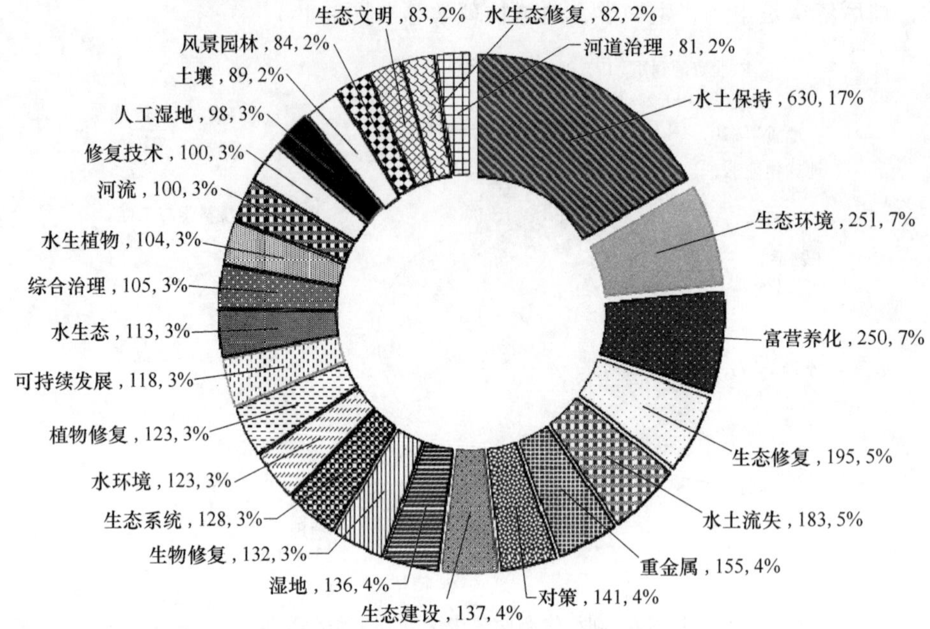

图 4-20　生态修复中文期刊关键词分布

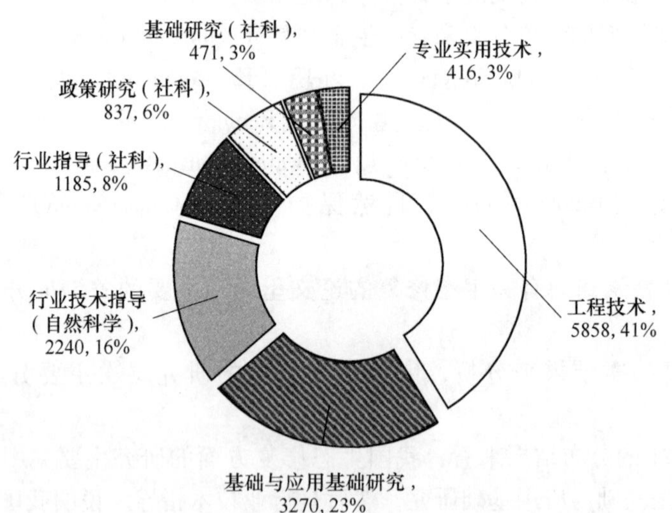

图 4-21　生态修复主要研究层次

技支撑计划和 973 计划；然后才是 863 计划和国家社科基金。说明我国的生态修复研究主要集中在自然科学方面，社会科学方面的研究较少。生态修复关键词网络如图 4-23 所示。

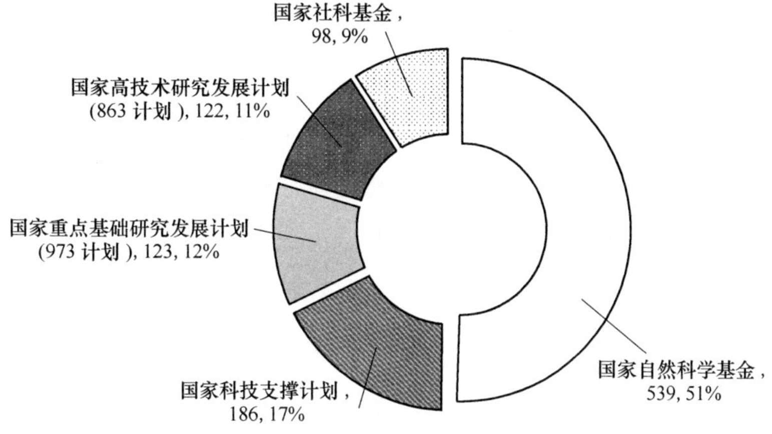

图 4-22 生态修复有关基金资助情况

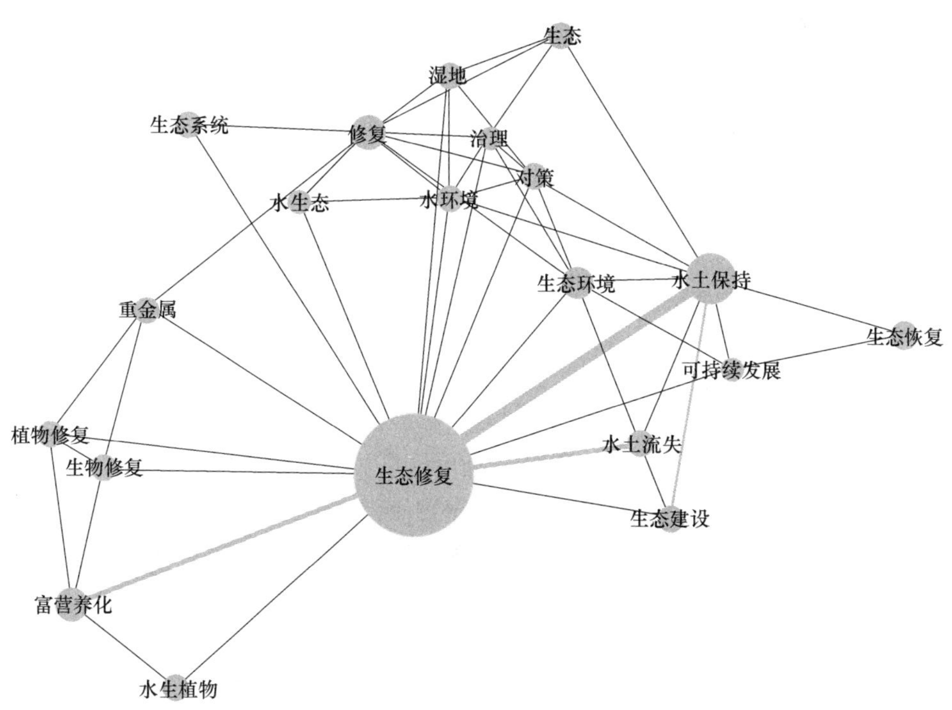

图 4-23 生态修复关键词网络

4.3.2 生态修复研究进展

下面从河岸带生态修复和废弃矿山生态修复两个方面简述生态修复技术的研究进展。

4.3.2.1 河岸带生态修复

河岸带是指河流生态系统的水陆交错带，是陆地生态系统与水生生态系统之间的生态过渡带。作为河流生态系统与物质、能源和信息交换的陆地生态系统之间的重要过渡区，河岸带是两者之间的重要纽带和桥梁。河岸生态系统增加了植物和动物物种的来源，提高了生物多样性和生态系统的生产力，并对治理水土流失、稳定河岸、调节小气候、美化环境、开展旅游活动都具有重要的现实意义和潜在价值。

为了满足防洪、灌溉和水运的需要，传统的河道整治工程经常开展人工改造工程，如河道疏浚、河岸固化等。在实施之前，河道一般没有得到充分评估，这使得河流管理缺乏对河流生态状况的准确理解。虽然这些项目的实施确保了社会稳定，产生了巨大的社会效益，但也存在许多生态和环境问题。例如，使用硬质材料来保护岸边可以保持河岸稳定，防止水土流失和防洪；然而，这通常导致两岸的植被减少，各种污染物直接排入河中而没有过滤和吸收；同时，它破坏了河边的栖息地，影响了水体与陆地之间的物质能量交换，阻碍了一些两栖动物的迁徙，导致物种减少，生物多样性减少，以及对环境和生态系统产生一系列不利影响。

河岸带包括河流扩散、护岸和植被缓冲区，有时还有一些岸边高地。它既是陆地和水生动植物的居住地和迁徙走廊，也是通过一系列物理、化学和生物过程（如沉淀、吸附、植物吸收、微生物固定、反硝化等）实现地表径流中营养物的截留和转化。目前，大多数河岸带研究主要集中在自然河流上，其主要目的是解决农田面源污染问题。这些研究主要反映了河岸带对农田地表径流和养分的拦截效应，其中一些包括河岸构造的影响（如坡度、宽度、植被组成等）。一些结论已经较为成熟。例如，许多研究表明，河岸带作为走廊具有显著的宽度效应，并且具有较小斜率的宽斜坡可以实现更多功能。

目前，国内外许多学者对河岸保护技术进行了大量研究。在维持岸坡结构稳定性、防止土壤侵蚀和防洪方面发挥作用。自 20 世纪 80 年代以来，国外发达国家一直试图放弃以防洪、治河为主的河流管理方式，采用生态工程整治河流，取得了一定的成效。典型的如日本的“多自然河川建设”计划，英国的“近自然”河道设计技术，瑞士、德国等国家的“清净自然河流”观点与“自然型护岸”技术。这些都是从水生态学的角度出发，并制定了相应的河流改善措施。

4.3.2.2 废弃矿山生态修复

矿产资源是经济和社会发展的重要物质基础。大量的一次性能源、工业原

料、农业生产材料和基础设施建筑材料来自矿产资源。矿产资源的开发利用虽然促进了社会经济的发展，但也带来了严重的生态和环境问题。

矿山开发造成的生态环境问题主要有以下三个方面：

（1）地质环境：坝体坍塌、坡体不稳定、泥石流、坍塌、水位下降、涌水、塌陷变形、沙漠化。

（2）生态环境：破坏土地、减少森林植被、增加土壤侵蚀、消耗水资源、减少生物多样性、扰乱野生动植物栖息地、改变景观。

（3）环境污染：主要造成水、气、声、渣污染。

截至2012年底，我国合法采矿用地面积 $226.7\times10^4hm^2$，历史遗留矿山开采损毁土地总面积 $280.4\times10^4hm^2$，其中未复垦土地面积约 $230.8\times10^4hm^2$。

矿山废弃土地一般具有生态景观破坏、土壤侵蚀严重、地表结构变形、水土污染和生物群落破坏等特点。

近年来，中国加大了对废弃土地环境恢复的资金投入。截至2014年底，矿山环境恢复累计投入已超过900亿元。根据国土资源部的数据，截至2014年，中国受损土地面积为303万公顷。修复和修复的土地面积仅为81万公顷，治理恢复率仅为26.7%。远低于50%~70%的国际矿山复垦率。

中国的矿山荒地环境管理有很多历史债务，治理压力比较大。全国仅有1%左右的矿业公司可以获得财政补贴，更多的企业需要承担维修费用。根据前国土资源部的统计，全国60%以上的矿山尚未得到有效治理。

目前主要通过以下几种技术开展矿山生态恢复：

（1）基质改良技术。要恢复矿区的生态系统功能，首先必须创造一个适合植被生长的土壤环境。限制矿区植物生长的主要因素是基质结构差和缺乏营养。基质改良技术主要包括表土覆盖和回填技术、物理方法和化学方法基质改进技术，以及生物改良技术。

（2）物理修复技术。物理修复是通过物理方法（如分离、凝固、电动力学、热力学、玻璃化、热解吸等）处理污染土壤。

隔离方法主要采用水泥、黏土、板岩、塑料板等各种防渗材料将污染土壤与未污染土壤或水体分离。减少或防止污染物扩散到其他土壤或水体中。常用的有振动梁泥墙、平墙、薄膜墙等。该方法通常适用于污染严重且容易扩散的情况，污染物在一段时间后会分解，使用范围有限。研究表明，电动力学技术可以同时去除土壤中的各种重金属污染物，并且在阴极添加乙二胺四乙酸（EDTA）可以改善修复过程中的电流，强化电动力学修复效果。研究还表明，在土壤中添加不同形式的磷改良剂可以有效地将土壤中的铅从非残留状态转变为残留状态，从而降低土壤中铅的流动性和生物利用度。

物理修复有修复效果好的优点，但其修复成本高、修复后较难再农用。因此，该方法仅适用于污染重、污染面积小的情况。

（3）化学修复技术。化学修复是指通过添加各种化学物质，使其与土壤中的重金属发生化学反应，从而降低重金属在土壤中的水溶性、迁移性和生物有效性。朱光旭等人对云南省个旧古山选矿厂尾砂库的研究发现，基于综合毒性削减指数和经济成本，选择在 1∶6 土水比，2 次，洗 3h 的技术条件下，0.10mol/L 的 EDTA 是合适的高效淋洗剂；a-淀粉酶是较理想的重金属络合剂，对酸提取态、可还原态和可氧化态的重金属有一定的去除效果；铁盐、亚铁盐、铁氧化物等，特别是硫酸高铁和硫酸亚铁能够有效降低砷的移动性和抑制植物对砷的吸收。

（4）生物修复技术。目前，文献报道的生物修复技术主要包括植物修复技术、微生物修复技术、动物修复技术。其中，植物修复技术是指利用植物转化和转化环境介质中的有毒有害污染物，使污染土壤得到修复和处理。国内学者通过研究发现，可用于修复污染土壤的植物物种，如金丝草和柳叶箬，是铅的超浓缩植物。王奋飞将低生物量砷超浓缩植物蜈蚣草植物螯合肽合成酶基因 PvPCSI 转入高生物量的拟南芥中，构建了能修复砷污染土壤的工程植物。陈云安等人研究发现谷胱甘肽巯基转移酶（glutathi-one-S-transferase）基因可以调节植物氧化应激效应，提高植物对汞的富集能力。使用富集植物来修复受污染的土地，当植物生长到一定阶段时，会产生大量富含重金属的植物体。如果这些植物没有妥善处理，可能会发生二次污染。近年来，国内学者不断探索更加环保、高效、经济的处理方法，如植物冶金、水热重整和生物解吸。邓子祥研究了超浓缩植物的水热液化处理方法，并用水热液化处理了高粱、樟子松和东南景天属茎叶。经证实，该方法可将大部分（超过 95%）有害重金属分离成水溶液，并将 80%以上的生物质转化为粗生物油，实现修复植物的无污染处理和资源利用。

微生物修复技术的原理是利用微生物在适当条件下降解、转化、吸附和浸出污染土壤中的污染物，或利用强化效应修复受污染的土壤。张军等使污泥中 Zn、Pb、Ni、Cu、Cd 及 Cr 去除率分别达到 93.56%、46.54%、85.48%、97.68%、90.64%、45.15%。王洪新等发现丛枝菌根真菌均可促进多环芳烃污染土壤中植物的生长和多环芳烃的降解，Glomus mosseae 在促进植物分子量的二苯并芘的降解方面更有效。

动物修复技术是指利用土壤中的某些低等动物（蚯蚓、线虫、甲螨等）的直接作用或间接作用修复污染土壤。蚯蚓是最常用的土壤修复动物，有学者对蚯蚓富集污染物的规律及污染物对蚯蚓的影响等内容进行了相关研究，但由于土壤动物不能像收割植物那样轻易从土壤中移除，因此目前国内仍鲜见利用动物的直接

作用修复污染土壤的案例，大多数是利用土壤动物的间接作用强化植物、微生物的修复效果。马淑敏等人利用蚯蚓—甜高粱复合系统修复镉污染土壤，发现蚯蚓可显著提高甜高粱的生物量及其对镉的吸收量，并使土壤有效镉提高了 9.8%。目前，动物修复技术的研究不多，尚处于起步阶段，土壤动物更多是被用于生物指示剂，进行污染土壤的风险评价。

城乡小流域综合治理案例——抚仙湖小流域综合治理

340万年前喜马拉雅的造山运动，为世界留下了一泓晶莹剔透的湖水——抚仙湖！作为美丽中国最靓丽的名片，云南省玉溪市的抚仙湖是全球同纬度地区唯一的I类水质湖泊，是中国蓄水量最大的深水型贫营养淡水湖泊，206.2亿立方米的蓄水总量，占国控重点湖泊I类水的91.4%，是中国重要的战略备用水源。据报道，中国人均淡水资源占有量只是世界平均水平的1/4，居世界第121位，是世界13个严重贫水国家之一。而中国又是世界上用水量最多的国家，20世纪80年代后，随着人口增长与经济快速发展，中国人均用水量需求增加，使得可利用淡水资源变得更加稀缺。据测算，保护好抚仙湖，相当于为全国13亿人口每人储备了15.8t安全、纯净、可以直接饮用的地表I类优质淡水资源。尤其是在全球气候变化背景下，抚仙湖越来越成为我国稀缺、独特、宝贵的淡水资源，在全国淡水资源中的重要战略地位和作用愈发凸显。抚仙湖的稀缺资源是难以复制和创造的，具有巨大的生态价值，在全国乃至全球淡水湖泊资源中具有无可替代的存在价值。

抚仙湖入湖河流大小共103条，汇水面积均在50km^{2}以下，属于小流域的范畴。抚仙湖隶属云南省玉溪市，为了保护抚仙湖水质和水量，玉溪市在不同时期开展了一系列卓有成效的流域面源污染治理和入湖河道小流域综合治理。

“十一五”期间全面实施“四退三还”工程，铁着肠关矿关厂，含着眼泪禁船禁渔。“四退三还”是指：在一级保护区内实施退人、退房、退田、退塘，还湖、还水、还湿地，同时关闭帽天山周边的14个磷矿点，直接损失财政收入来源29亿元，取缔278艘机动船艇，采取严格有效的措施保护抚仙湖。

“十二五”期间，投资近35亿元，实施“15530”工程，即稳定保持抚仙湖I类水质，用5年时间实施5大类30个项目。污染物总量控制达到预期目标，总磷总氮等有效削减，水环境管理目标也全部达到预期，7条主要入湖河流水质大有改善。

“十三五”期间，玉溪市将围绕打造抚仙湖、帽天山两张世界级名片，继续加强、巩固以抚仙湖为中心的各条入湖小流域的综合治理，全力抓好以抚仙湖、

帽天山为重点的生态环境保护，建设四型社会。首先坚持生态立市，构建资源节约型社会，围绕生态建产业，围绕生态建城镇，不让一滴污水流入抚仙湖，稳定保持抚仙湖Ⅰ类水质。其次，坚持绿色发展，构建环境友好型社会，按照“优一精二强三”的产业发展思路，调整产业结构，按照“一城五镇多村”总体布局，围绕建设高原湖滨生态旅游城市的目标，突出“生态、宜居、旅游”三大特色。再次，坚持开放融合，构建创新型社会。筹措资金，推进信息化建设和信息产业发展，顺应“互联网+”“生态+”发展趋势，构筑经济社会发展新优势和新动能。最后，坚持改革共享，构建生态文明型社会。

5.1 抚仙湖流域自然概况

5.1.1 抚仙湖地理位置

抚仙湖位于云南省玉溪市境内，跨澄江、江川和华宁三县，居滇中盆地中心，位于昆明市东南60km处，地理位置为24°21′28″~24°38′00″N，102°49′12″~102°57′26″E。抚仙湖处于滇中湖群五大湖泊（抚仙湖、星云湖、杞麓湖、阳宗海和滇池）的中心部位，与滇池、杞麓湖、阳宗海的水平距离分别为17km、18km、27km，南部有2.5km长的隔河与星云湖相通，如图5-1所示。

5.1.2 湖区形态

抚仙湖是一个南北向的断层溶蚀湖泊，形如倒置的葫芦，两端大、中间小，北部宽而深，南部窄而浅，中呈扼喉形。抚仙湖属南盘江流域西江水系，流域面积674.69km^2，当湖面高程为1723.35m（1985国家高程基准，下同）时，水域面积约216.6km^2，湖长约31.4km，湖最宽处约11.8km，最窄处为3.2km，最大水深158.9m，平均水深95.2m，湖岸线总长约100.8km。抚仙湖周围多为海拔1500~2500m左右的断块侵蚀山地。山体呈阶梯状，南北向延伸，西部高于东部，北部高于南部。

5.1.3 地质地貌

在地质构造上，抚仙湖位于小江断裂带，这一断裂带自巧家至汤丹和东川附近分成两支，东支经宜良至南盘江，西支则经阳宗海、抚仙湖至通海。根据地质构造和岩性、地形的特征及其形成，湖区地貌大致可分为构造-剥蚀地貌和堆积地貌。按组成山体的不同岩性，剥蚀地貌分为石灰岩山地、砂页岩、砾岩山地和玄武岩山地。石灰岩山地包括由白云质灰岩及白云岩等组成的山地，大面积分布于东岸，北、西岸有少量分布，约占湖区岩类面积的60%。砂页岩、砾岩山地由于岩性较软、沟谷发育，山体切割比较破碎。湖盆西北部大多是侏罗系和三叠系

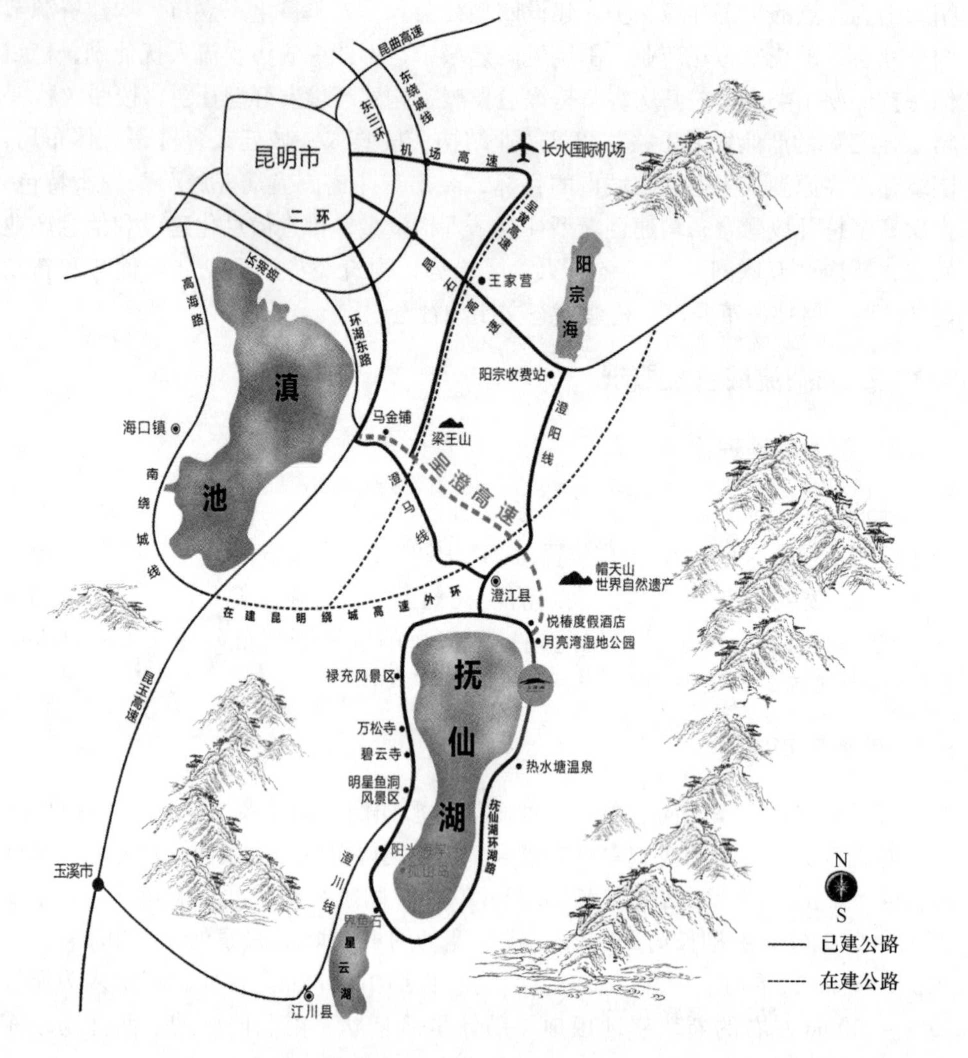

图 5-1　抚仙湖流域区位图

的紫红色砂岩、粉砂岩和页岩。湖区南端江家营附近有寒武系砂页岩组成的丘陵。砂页岩、砾岩地段多冲沟山箐，岩石易风化，是水土保持的重点地区。玄武岩山地分布面积较小，分布面积约 55km^2，零星地分布在砂页岩山地和石灰岩山地之间。

抚仙湖东西两岸山势陡峭，呈北东走向，与构造线基本一致。区内最高点为梁王山，海拔高 2820m。山脉经东虎山（2628m）、黑汉山（2494m）、谷堆山（2648m）、老君山（2319m）等一系列山由北向南东延伸，形成金沙江水系（滇

池）与珠江水系（抚仙湖、星云湖）的分水岭，这些山脉像一道屏障，屹立在抚仙湖西岸。

抚仙湖东岸由梁王山余脉经献饭山（2274m）、东鸡哨（2065m）、老祖石头（2144.2m）、标杆山（2195.1m），过海口河后，再经子弹山（2386m）、阴登山（2381m）、磨豆山（2663.1m）一直由北向南延伸至马鞍山（2469m），这一南北走向的山脉与抚仙湖西岸的分水岭平行，它是抚仙湖东岸的天然屏障，是抚仙湖与南盘江的分水岭。

5.1.4 抚仙湖流域水系

抚仙湖群山环抱，周围湖积平原狭窄，共有大小入湖河流 103 条（含季节河、农田排灌沟），其中非农灌沟的河道有 60 多条，其中较大的有 27 条。集水面积除东大河流域面积 $50km^2$ 外，其余多在 $30km^2$ 以下，其中 $30 \sim 50km^2$ 的有 3 条，$10 \sim 30km^2$ 的有 6 条，约有 1/2 以上的河流流域面积不超过 $10km^2$。河流普遍短小，河长多在 20km 以内，最长的梁王河 21km，其次是东大河 19.9km，其余多在 10km 以下。抚仙湖属雨水补给型湖泊，多为间歇性河流，河水暴涨暴落、枯季断流，汇流时间短并携带大量泥沙入湖，河道径流调节性能很差。河床比降达 10‰~100‰，常以坡面漫流和细小沟溪直接汇入湖泊。具体河流分布情况为：（1）抚仙湖北岸：河流相对密集，共有 40 条，年总径流量为 9809 万立方米，占总入湖河流总流量的 52.34%，大型河流也多集中于此，如梁王河、东大河等。（2）抚仙湖东岸：共有 26 条入湖河流，7 个散流区以及清水河，年总径流量为 2865.57 万立方米，占总入湖河流总流量的 15.3%。（3）抚仙湖南岸：共有 9 条入湖河流（不含隔河），2 个散流区，年总径流量为 2231.38 万立方米，占总入湖河流总流量的 11.9%。（4）抚仙湖西岸：共有 28 条入湖河流及 5 个散流区，年总径流量为 3824.6 万立方米，占入湖径流量的 20.42%。如图 5-2 所示。

湖岸周围有地下水补给，例如西岸老鹰地溶洞、猪嘴山溶洞群、禄充大洞、甸朵大洞，北岸的西龙潭，东岸的大湾、小船尖落水洞、热水塘等。

海口河是抚仙湖历史上唯一的明河出水口，从海口村起东流约 14.5km 入南盘江。按入江处海拔 1335m 计，河道总落差为 386m，平均坡降为 27%。为了更好利用河道落差的水力资源，先后在河道上修建了海口河一级、水轮泵二级、大村三级、观音塘四级、朱家桥五级、河尾六级等水电站，总装机容量达 16410kW，年发电量约为 $7700 \times 10^4 kW \cdot h$。2007 年抚仙湖-星云湖出流改道工程实施后，隔河流向改变，也成为抚仙湖的主要出湖河流之一，抚仙湖水经隔河泄入星云湖。

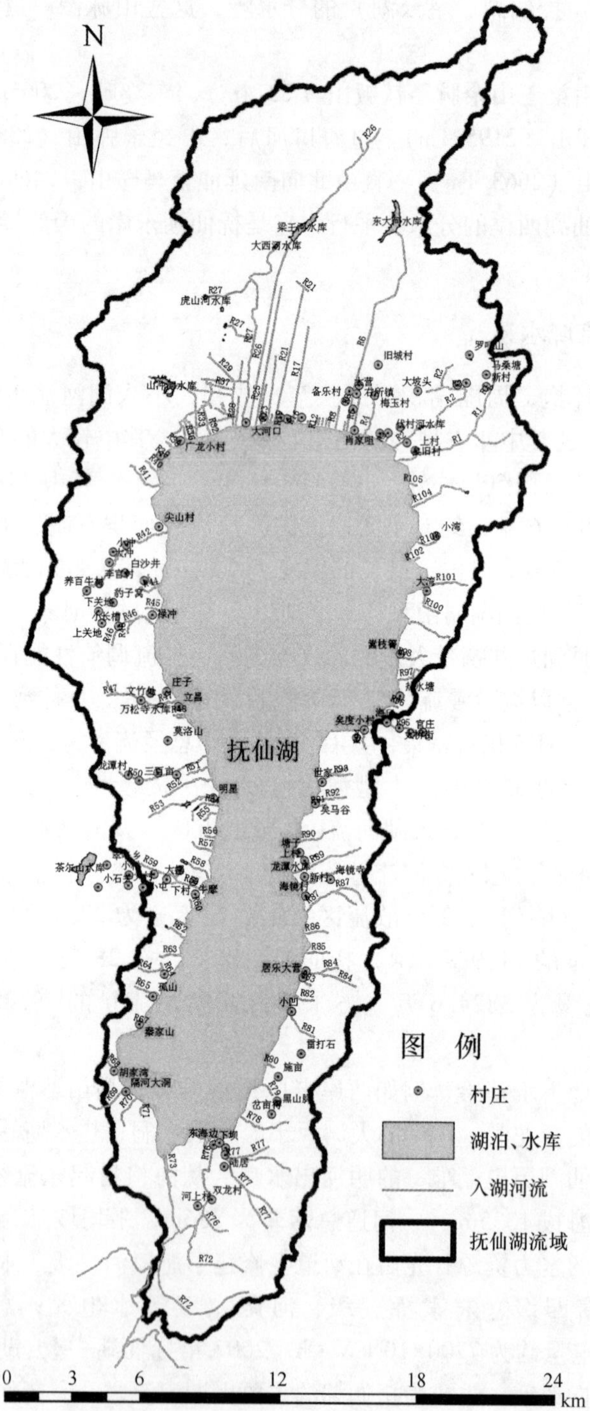

图 5-2 抚仙湖流域水系图

5.2 抚仙湖流域管理机构及机制

5.2.1 抚仙湖管理机构及机制沿革变迁

5.2.1.1 抚仙湖渔业管理委员会、渔业管理站

1965年1月8~11日，玉溪专员公署在澄江县召开澄江、江川、华宁三县的抚仙湖渔业代表会议，会议选举成立了抚仙湖渔业管理委员会，主任委员是澄江县县长赵继光，委员23人是从沿湖地区的区、公社、生产队干部以及社员中选出的。此次会议研究制定了《抚仙湖水产资源繁殖保护和湖泊管理暂行办法（草案）》，是关于抚仙湖资源管理最早的草案。之后由于历史原因，抚仙湖渔业管理委员会自然消失，至1985年1月，玉溪地区行署在澄江县召开会议，再次成立抚仙湖渔业管理委员会。抚仙湖渔业管理委员会下设湖管检查小组，负责封湖期间的检查工作，日常工作由各县管理。

1986年10月，玉溪地区成立抚仙湖渔业管理站，为地区水利电力局下属事业机构，站址设于澄江县海口乡，负责抚仙湖渔业生产技术研究及抚仙湖渔政管理。

5.2.1.2 玉溪市抚仙湖管理局变迁

1992年8月6日，中共玉溪地委、玉溪地区行政公署决定成立抚仙湖资源管理局和抚仙湖公安局，全面负责抚仙湖范围内各种资源的综合保护及管理工作。同年10月19日，撤销原湖泊管理委员会，成立统一的抚仙湖管理局，作为行署的职能部门，归口玉溪地区水电局，按《中华人民共和国水法》（1998年1月21日主席令第6号）（已废止）规定，依法行使湖泊管理决定权，开展以水资源为中心的各项综合管理工作。抚仙湖管理局实行“统一规划、统一管理、界定水域、分县经管”的管理办法，设置办事机构，建立航运管理站和水产管理站，负责水上运输和水产资源的保护管理，业务上受地区水电、交通等部门指导。

1993年3月11日，玉溪地区行政公署抚仙湖管理局成立。同年5月8日，玉溪行署发布《关于抚仙湖渔业生产暂行管理办法》，明确抚仙湖管理局是玉溪行署授权对抚仙湖实施统一管理的权威机构，负责规定抚仙湖开封湖时间，限制捕捞工具；负责船检、落户和办理捕捞证；制定保护鱇鲸鱼的措施等。同年9月25日，云南省第八届人民代表大会常务委员会第三次会议通过《云南省抚仙湖管理条例》（1993年9月25日公布，1994年1月1日起执行）。《云南省抚仙湖管理条例》第二章第六条规定：抚仙湖管理局是玉溪行署统一管理抚仙湖的职能机构，归口水行政主管部门，其主要职责是：宣传和贯彻执行有关法律、法规和本条例；按照玉溪行署批准的抚仙湖保护管理和综合开发利用规划、组织、协调和监督有关部门实施；行使水政渔政航政行政处罚权，维护正常的水事活动和渔业生产秩序；制定抚仙湖水量年度调度规划和年度取水总量控制规划；组织实施取水许可制度、征收水资源费；管理海口节制闸；对抚仙湖内有关水资源和水产资源的保护、开发，水域和滩地的利用以及改变水质的活动进行监督管理；对抚仙湖管辖区内的生态环境、水土保持、旅游开发等进行协调指导；对抚仙湖水域统一进行渔业规划，增殖渔业资源；组织发放捕捞许可证、征收渔业资源增殖费；会同有关部门组织关于抚仙湖保护、治理、开发、利用的科学研究；批准船只入湖航运，负责港航监督，收取船舶安全管理监督费。

1998 年 6 月 28 日，玉溪撤地设市，玉溪地区抚仙湖管理局更名为玉溪市抚仙湖管理局。

2001 年 11 月 19 日设立云南省抚仙湖旅游度假示范区管理委员会，撤销玉溪市抚仙湖管理局。

2002 年 12 月 22 日玉溪市同意恢复玉溪市抚仙湖管理局，与抚仙湖示范区管委会实行“两块牌子、一套机构”。抚仙湖管理局的主要职责同上。

2005 年 1 月 31 日，玉溪市按照属地管理原则，实行“简政放权，属地管理，书记县长负责制，加大执法力度”的管理机制，将抚仙湖保护管理职能机构延伸到基层，设立澄江县、江川县和华宁县抚仙湖管理局，作为县人民政府的工作部门，业务上受市抚仙湖管理局的领导；同时设立澄江、江川、华宁三县抚仙湖管理局综合执法大队，隶属于三县抚仙湖管理局，负责辖区内抚仙湖水体保护区的水政、渔政、环保、航政海事的综合行政执法，协调、协助有关职能部门抓好抚仙湖一级保护区和水源涵养区的行政执法工作；并撤销三县抚仙湖渔政管理站。

2008 年 7 月 2 日，玉溪市抚仙湖管理局内设机构抚仙湖综合执法大队单独设置为玉溪市抚仙湖综合执法支队。其主要职责是：贯彻实施《云南省抚仙湖保护条例》，依法履行抚仙湖保护职责；严格执行玉溪市人民政府制定的《抚仙湖相对集中行政处罚权实施方案》；在抚仙湖一级保护区依法查处重大或者跨县行政区域的违法行为，集中行使水政、渔政、环保、水运及海事部门行政处罚权。

2010 年 7 月 7 日，玉溪市人民政府下发《关于加强抚仙湖保护管理综合行政执法的实施意见》，抚仙湖沿湖三县抚仙湖管理局加挂综合行政执法大队牌子，增加环境卫生监督、收费稽查职能。抚仙湖沿湖六镇设置抚仙湖环卫机构。抚仙湖沿湖三县综合执法大队接受玉溪市抚仙湖综合行政执法支队的业务指导。澄江县抚仙湖综合行政执法大队内设水域中队、龙街中队、右所中队、海口中队和综合机动中队；江川县抚仙湖综合行政执法大队内设水域中队、江城中队、路居中队和综合机动中队；华宁县抚仙湖综合行政执法大队内设水域中队和综合机动中队。

2012 年 5 月，云南省抚仙湖旅游度假示范区管理委员会与玉溪市抚仙湖管理局实行两块牌子、一套机构的管理体制。

2013 年 8 月，原设在玉溪市旅游局的抚仙湖—星云湖生态建设与旅游改革发展综合试验区管委会办公室调整至市抚仙湖管理局。

2014 年 7 月 31 日，玉溪市人民政府发布第 39 号公告，公布《玉溪市抚仙湖保护管理实施办法》。规定玉溪市抚仙湖管理局对抚仙湖实施统一管理，除《云南省抚仙湖保护条例》赋予的职责外，履行以下职责：负责编制抚仙湖保护治理相关规划和制定年度项目实施规划；对抚仙湖保护治理项目前期工作和组织实施进行监管；督促沿湖三县人民政府组织开展对抚仙湖保护范围内违法行为的综合整治工作；督促代征单位依法征收抚仙湖资源保护费；监督检查沿湖三县人民政府对抚仙湖主要入湖河道的管理工作；对抚仙湖开发建设项目提出审查意见；督促检查沿湖三县辖区内非工程措施管理工作；完成抚仙湖保护管理的相关工作。

5.2.1.3 玉溪市“三湖”水污染综合防治领导小组变迁

为切实加强对湖泊水污染防治工作的领导，中共玉溪市委、市人民政府于 2001 年 1 月成立玉溪市“三湖一海（抚仙湖、星云湖、杞麓湖、阳宗海）”污染综合治理与保护领导小组及办公室，由玉溪市环境保护局湖泊保护与治理科承担玉溪市“三湖”水污染综合防治领导小组办公室的日常工作。

2013 年 10 月 15 日，玉溪市政府将玉溪市“三湖一海”污染综合治理与保护领导小组调整为“三湖”水污染综合防治领导小组。领导小组工作职责：认真贯彻执行国家、省有关湖泊水污染综合防治的方针、政策，研究提出玉溪市“三湖”水污染综合防治工作意见，指导、协调和督促有关县市及市直相关部门做好“三湖”水污染综合防治工作，研究解决工作中的重要问题。

5.2.1.4 玉溪市抚仙湖综合行政执法工作领导小组

2010 年 7 月 7 日，玉溪市成立玉溪市抚仙湖保护管理综合行政执法领导小组，旨在建立抚仙湖纵横协调的综合行政执法和环境卫生管理长效机制，加大综合行政执法力度，形成以预防、教育、监管、处罚为一体的综合行政执法新格局，提高抚仙湖综合管理水平，确保抚仙湖全面恢复 I 类水质。《玉溪市人民政府关于在抚仙湖开展相对集中行政处罚权工作的实施方案》《玉溪市人民政府关于加强抚仙湖保护管理综合行政执法的实施意见》规定：由玉溪市抚仙湖管理局在抚仙湖一级保护区内集中行使水政、渔政、环保、航政、海事、风景名胜区管理方面有关法律、法规、规章规定的部分行政处罚权和行使《云南省抚仙湖保护条例》规定的行政处罚权，履行玉溪市人民政府交办的其他执法职责，建立健全统一管理、集中执法的工作机制。

2012 年 12 月 21 日，玉溪市人民政府下发《关于在抚仙湖开展相对集中行政处罚权工作实施方案》，在《云南省抚仙湖保护条例》确定的一级保护区内开展相对集中行政处罚权工作。确定玉溪市抚仙湖管理局对抚仙湖实施统一管理，行使综合行政执法权，具备行政执法主体资格。赋予玉溪市抚仙湖管理局相对集中行使水政、渔政、环保、航政及海事等部分行政处罚职权，以市抚仙湖管理局名义行使相当集中行政处罚职权，履行相当义务并独立承担相应的责任。

5.2.1.5 抚仙湖生态环境保护试点工作领导小组

2011 年 9 月，玉溪市政府制定《抚仙湖生态环境保护试点实施方案》，成立抚仙湖生态环境保护试点领导小组，三县成立抚仙湖治理保护工程管理局，建立相应的协调机构，由领导小组对各相关部门、各个工程进行分配和协调指挥，形成分级管理、部门相互协调、上下联动、良性互动的推进机制。

5.2.1.6 三湖水污染综合防治督导组

2010 年 6 月 12 日，为加强对“三湖”水污染综合防治工作的指导、检查和监督，推进各项重点工作和重点工程顺利实施，玉溪市委、市政府成立玉溪市“三湖”水污染综合防治工作督导组，整个督导工作由市政府办公室牵头落实，市政府领导定期听取督导工作的汇报，解决项目推进中存在的重大问题。

2013 年 5 月 17 日，玉溪市人民政府下发《关于调整充实玉溪市三湖水污染综合防治督导组的通知》（玉政办发〔2013〕117 号）。玉溪市“三湖”水污染综合防治督导组主要职责：（1）协助市人民政府督促通海县、江川县、澄江县、华宁县、市直有关单位认真落实省委、省政府和市委、市政府关于“三湖”水污染综合防治工作的决策、措施和重大部署，协调解决落实过程中存在的困难和问题。（2）协助市人民政府督促责任单位做好“三湖”水污染综合防治规划及重大项目建设工作，做好检查、指导和有关协调工作。（3）参与市人民政府组织的“三湖”水污染综合防治目标责任书的检查和考核。（4）协调、配合省九湖督导组做好对“三湖”水污染综合防治工作进行的调研、督导。（5）完成市委、市政府交办的其他事项。

5.2.1.7 玉溪市抚仙湖流域水污染综合防治“十二五”规划项目建设督导组、项目推进协调工作组

2014 年 1 月 9 日，经市委、市政府研究决定成立玉溪市抚仙湖流域水污染综合防治“十二五”规划项目建设督导组。督导组担负检查、指导、督促沿湖 3 县、市直有关部门贯彻省委、省政府和市委、市政府关于抚仙湖保护治理决策、措施和重大部署，推动《抚仙湖流域水污染综合防治“十二五”规划项目两年行动规划》的全面落实的职责。根据承担的任务，各督导组负责制定具体的督导

方案，做好督导工作的组织协调和保障。坚持突击督导与日常督导相结合、全面督导与重点督导相结合、明察与暗访相结合，采取听取汇报、查阅资料、现场督查等方式，及时发现问题，提出整改意见并督促限期整改，推动各项工作落实。各督导组每半月详细报 1 次督导情况到办公室，由办公室汇总形成专报报市委、市政府并进行通报。督导组督导时间为 2014 年 1 月至 2015 年 12 月，为期 2 年。

2014 年 6 月 24 日，成立玉溪市抚仙湖流域水污染综合防治“十二五”规划项目推进协调工作组。工作组工作职责：（1）检查、指导三县及市直有关部门贯彻省委、省政府和市委、市政府关于抚仙湖保护治理决策、措施和重大部署，推动《抚仙湖流域水污染综合防治“十二五”规划项目两年行动规划》的全面落实。（2）定期研究调度各项目总体进展情况，抓好组织保证、方案落实、资金规划安排等工作，协调解决项目建设过程中存在的主要困难和问题，提出整改意见，协调好各级、各部门工作，推动各项工作落实。通知要求沿湖三县和市级有关单位对工作组的工作要高度重视，健全完善地方、部门内部协调推进机制，积极按要求做好各项工作。

5.2.2 抚仙湖流域公安管理沿革变迁

1993 年 4 月，经云南省编委、云南省公安厅、玉溪行署批准，成立抚仙湖公安局。内设办公室、刑侦科、治安科、保卫科和新河口、禄充、明星、路居、海镜五个派出所。同年 9 月 25 日，云南省第八届人民代表大会常务委员会第三次会议通过《云南省抚仙湖管理条例》。条例第二章第七条规定：抚仙湖公安局隶属玉溪公安处领导，负责维护抚仙湖水域及沿湖旅游景点的社会治安管理。需要追究刑事责任的案件，按照“属地管理”的原则，依法移送当地司法机关处理。

1996 年 4 月 10 日，原抚仙湖公安局下设的五个派出所，按属地管理原则，分别划归澄江、江川、华宁三县公安局直接领导管理。

1998 年 8 月，因撤地设市，玉溪地区行政公署公安局抚仙湖分局更名为玉溪市公安局抚仙湖分局。

2002 年 4 月，撤销玉溪市公安局抚仙湖分局。

2008 年 12 月 5 日，因阳宗海水体砷浓度超标事件，玉溪市委、市人民政府因地制宜、因势利导，成立了玉溪市公安局环境保护分局，在公安环境保护领域迈出了建设性、突破性的一步，分局自成立以来，就将抚仙湖保护作为一项重点工作。

2013 年 1 月 15 日，玉溪市公安局环境保护分局更名为玉溪市公安局水务治安分局，为市公安局派出机构。主要工作职责：负责所辖区域内重大环境污染事故案、非法处置进口固体废物案、擅自进口固体废物案、走私废物案等有关环境保护刑事案件的立案侦查；负责调查处理违反国家规定，处置爆炸性、毒害性、放射性、腐蚀性物质或者传染病病原体等危险物质的治安管理行为和违法排污构成非法处置危险物质的违法行为；在执法中发现属于环境保护行政主管部门受理的案件，及时移送环境保护行政主管部门；环境保护行政主管部门向公安机关移送的环境保护刑事案件和治安案件；配合环境保护行政主管部门依法履行环境保护职责。

自水务治安分局成立以来，和沿湖三县公安机关在市公安局党委的坚强领导下，紧紧围绕市委、市政府生态文明建设战略和市局的中心工作，认真贯彻落实国家各项环保方针、政策，充分发挥职能作用，积极配合抚仙湖管理局等行政部门，主动出击，全力以赴，认真做好巡查执法、入湖河道监管、“四退三还”等工作，全面防范和杜绝水生态风险发生，为确保抚仙湖稳定保持Ⅰ类水质做出自己的贡献。

5.2.3 群众社团

5.2.3.1 渔民协会

1993年12月20日，玉溪行署印发《关于贯彻<云南省抚仙湖管理条例>实施办法（暂行）的通知》。实施办法第十五条规定：抚仙湖的渔业生产坚持专管与群管相结合的方针，沿湖三县各村公所（办事处）必须组建本村（办）渔民协会，作为基层群管组织。

1994年8月16日，玉溪地区抚仙湖渔民协会成立，并召开第一次代表大会，审议通过《玉溪地区抚仙湖渔民协会章程》，依照法定程序选举了第一届理事会。随后举行的常务理事会第一次会议，推选玉溪行署副专员张华生为名誉会长，抚仙湖管理局局长陈华任会长，澄江县副县长刘树藩、江川县副县长王顺图、华宁县副县长赵春鼎任副会长。抚仙湖渔民协会是玉溪地委、行署领导下的群众性社会团体，通过澄江、江川、华宁三县基层会员在群众中的威信，依法管理抚仙湖渔政，维护沿湖群众权益。

抚仙湖渔民协会每年召开4次理事会，总结渔政管理情况，听取渔民群众反映；讨论制定开、封湖时间以及管理办法和措施；对各村（办）管理成效进行评比；宣传、贯彻《云南省抚仙湖管理条例》及其实施办法等政策和法律法规，提高湖区群众对加强抚仙湖渔政管理工作的认识和法制观念，教育帮助渔民群众自觉遵纪守法；协助渔政专管队伍制止和查处各种违规违法事件。1999年，渔民协会在明星烧毁了稽查队历年收缴的对鱇浪鱼资源危害较大的小丝网13000多张，向渔民群众显示政府部门坚决保护好鱇浪鱼这一名贵土著鱼种的决心。

5.2.3.2 环保协会

1995年5月13日，玉溪地区抚仙湖管理局、玉溪地区城建局联合发布《关

于建立抚仙湖沿湖环境保护群管组织的通知》，在沿湖三县的8个乡（镇）成立环保群管队伍，由乡（镇）规划助理员或土地管理员兼任环保工作，沿湖三县18个村（办）各设1名环境监理员（禄充办事处和孤山办事处各增加1名）。环保组织受玉溪地区城建局、玉溪地区抚仙湖管理局及沿湖三县环境保护行政主管部门领导。承担宣传、贯彻、执行《中华人民共和国环境保护法》《云南省抚仙湖管理条例》以及国家有关环境保护法规、政策；监督、检查本辖区范围内旅游景点及环境保护情况和污染治理设施运行情况；监督对污水的处理，检查污水向指定点的排放情况；监督沿湖建设项目执行《抚仙湖风景区总体规划》情况；配合环保部门收取排污费，查处违反环保法规案件等职责。

1997年7月31日，经玉溪地区行政公署民政局核准，玉溪地区抚仙湖环境保护协会成立。抚仙湖环境保护协会在原抚仙湖沿湖环境保护群管组织的基础上组成，业务主管部门为玉溪地区城乡建设环境保护局，业务挂靠单位为玉溪地区抚仙湖管理局，会员包括玉溪地区、沿湖三县、沿湖各乡（镇）、村（办）有关领导共计55人。抚仙湖环境保护协会制定协会章程，每年由玉溪市抚仙湖管理局组织召开理事会，总结环境监督、治理工作情况，制定环境监督目标和任务。

5.2.4　抚仙湖流域实行统一托管

抚仙湖流域行政区划分属澄江、江川和华宁3县，管理职责分属玉溪市、沿湖三县抚仙湖管理局以及环保、规划、林业、水利等20余个部门，统筹协调难度大，严重影响抚仙湖流域的保护治理与开发利用。为破解抚仙湖保护面临的困难和问题，玉溪市以统一托管的方式加快推进抚仙湖流域全流域的集中统一管理。

2015年12月25日，中共玉溪市委、玉溪市政府推进管理体制和运行机制创新，创建生态文明建设示范区，召开抚仙湖流域统一托管移交工作会，由玉溪市人民政府授权，以托管的方式把抚仙湖流域统一交由玉溪市抚仙湖环境资源保护管理委员会对抚仙湖流域实行统一托管，实现抚仙湖全流域统一规划、统一保护、统一开发、统一管理。

根据省政府授权，管委会享有部分省级行政管理权。澄江县托管范围涉及6个乡镇（街道），40个村委会（社区），380个村（居）民小组，人口约17.3万人，国土面积约755.95km^2。江川县托管范围涉及路居镇、江城镇10个村委会（社区），65个村（居）民小组，人口约2.99万人，国土面积约99.73km^2。华宁县托管范围涉及青龙镇海关、海镜2个社区，19个居民小组，人口约0.89万人，国土面积约44.23km^2。托管区域的党务、行政、经济、社会事务由试验区管委会整体委托澄江县管理。实行托管后，行政区划不变，地名不变；司法管辖不变，涉诉案件仍需由行政区划的县级人民法院受理；户籍管理不变，便于群众出行出游；统计渠道不变，澄江县、江川县、华宁县托管区域内的生产总值、固定资产投资、地方财政收入、工业总产值、社会消费品零售总额、城镇居民人均可支配收入、农村居民人均可支配收入等主要经济指标统计以及人口、机构编制等统计，仍分别纳入澄江县、江川县、华宁县统计范围。

5.3 抚仙湖流域产业结构调整

5.3.1 农业结构调整

1990年以前，抚仙湖流域内三次产业结构为“一、二、三”格局，产业结构以第一产业为支柱和主导，第二产业、第三产业比重较少。1990年以后，流域的第二产业、第三产业增加值比重开始快速上升，1993年第二产业超过第一产业跃居主导地位，产业结构调整为“二、一、三”格局，1994年第三产业超过第一产业，产业结构调整成“二、三、一”格局。1999年以后，第三产业增加值发展势头不减，逐渐跃居主导地位。2005年以后，第二产业比重重新跃居主导地位，产业结构调整为“二、三、一”格局，以第二产业为主导的产业格局，一直延续至2015年。

2001~2005年，抚仙湖流域农村产业结构调整结合入湖河流小流域综合治理，大力发展现代农业、生态农业。推广对农业有机废弃物的综合利用及推广科学施肥技术，提高有机肥的施用率并降低化肥、农药的使用量等生态农艺技术。完成流域内农业结构调整1000公顷，推广增施有机肥，减少化肥施用1000公顷，并建设200t/d有机肥生产厂一座。在抚仙湖北岸地区发展绿色农业基地，培育精细蔬菜、绿色水稻、有机农产品以生态农业代替传统种植物，大力开发优质品种，优化农产品品种结构，全面提高农产品质量；西岸地区发展观光农业；东岸地区以其相应的农、林、牧、渔的生产过程和农业劳作的新型模式发展为休闲农业；南岸地区发展立体农业，改良生猪饲养模式，深化农产品加工业，延伸传统农业产业链。2011~2015年，抚仙湖流域内优化产业布局，加快土地流转，调整种植结构，转变农业增长方式，促进农业现代化和产业生态化发展，减少结构性的污染物产生量。

5.3.2 坝区产业结构调整与绿色农业示范

流域坝区产业结构调整与绿色农业示范工程，是《抚仙湖水污染综合防治“十二五”规划》规划的重点项目之一，工程主要内容包括：引导鼓励企业、协会和种植大户通过土地承包经营权流转方式，连片或规模租赁土地，大力发展经果林，对抚仙湖流域实施种植结构调整。2011年7月，抚仙湖流域坝区产业结构调整与绿色农业示范工程开始实施。发展荷藕、苗木等绿色农业，由澄江、华宁县人民政府组织实施。取缔、禁止抚仙湖流域内蔬菜、花卉等大棚种植，控制大

水大肥的蔬菜、花卉种植，遏制掠夺式经营，减缓土壤盐碱化进程，减少薄膜白色污染，由澄江、江川、华宁县人民政府组织实施。其中，澄江县取缔、禁止抚仙湖流域内蔬菜、花卉等大棚种植2000亩❶；江川县取缔、禁止抚仙湖流域内蔬菜、花卉等大棚种植1000亩；华宁县取缔、禁止抚仙湖流域内蔬菜、花卉等大棚种植500亩。调整大鲫鱼河流域农业结构，对抚仙湖大鲫鱼河2000亩耕地实施种植结构调整，按3000元/(亩·年）补助，连续补助10年。采取政府补助的方式对该片区耕地实施种植结构调整，由江川县人民政府组织实施。

至2014年10月，坝区产业结构调整与绿色农业示范工程完工。种植业结构调整累计流转土地18472亩，发展荷藕面积3050亩。取缔大棚种植：取缔、禁止抚仙湖流域内蔬菜、花卉等大棚种植已完成4827.2亩。其间，仅澄江县就取缔、禁止抚仙湖流域内蔬菜、花卉等大棚种植2000亩，累计大棚拆除已完成4148.7亩。华宁县海镜、海关两个村委会完成种植业结构调整累计流转土地1672亩，占任务数的128.7%；项目任务实施前有大棚种植33.5亩，已全部拆除。

5.3.3　流域畜禽养殖污染防治

5.3.3.1　养殖场关停转迁

据2013年的统计数字显示，抚仙湖流域内共有养殖户24527户，养殖大牲畜16340头、羊36680只、生猪97282头、家禽1303995只，畜禽总数达145.42万头（只）。畜禽养殖业产生的大量的畜禽粪尿、畜禽养殖场排出的污水含有大量的高浓度污染物质，排入湖泊中，造成水质不断恶化，成为流域水体污染的主要污染源之一。

为切实保护好抚仙湖Ⅰ类水质，从严加强畜禽养殖的污染防治工作，2013年，市政府出台了《关于抚仙湖近面山禁止放牧和流域控制畜禽规模养殖污染治理的工作方案》。推广生物发酵床养殖，开展畜禽养殖沼气池配套工程建设，科学合理规划畜禽养殖园区，对流域内的畜禽养殖业加强环境管理，对可能污染周边环境的养殖场采取牵走一批、关停一批、限制一批、改造一批等办法，严格执行环境保护相关法规条例，最大限度减少畜牧业污染负荷。同年，澄江县出台《关于进一步加快农业产业机构调整的实施意见》，规范抚仙湖流域的畜禽养殖，鼓励流域的规模养殖场（户）搬离流域，在外新建、改建、扩建养殖场。该县规定，搬迁规模达10~50头、50~100头及100头以上的，每户一次性分别补助3万元、6万元、10万元。在政策支持下，澄江县农业、环保、街道等多部门干

---

❶　1亩=666.6m^2。

部包点包村，进村入户，对养殖户进行广泛宣传动员，做深入细致的思想工作，提高养殖户的爱湖护湖意识。

澄江双光奶牛养殖合作社位于龙街街道辖区，是澄江县规模最大的奶牛养殖基地，该基地养殖饲养奶牛491头，养殖10头奶牛的养殖户一年约有10万余元收入。为了搬迁双光奶牛合作社，街道干部至少跑了40多次给群众做思想工作，并进行多轮谈判和协商，奶牛合作社和很多养殖户都搬离了澄江县。

据澄江县农业局统计，至2014年底，该县共关停转牵养殖场1427户、9.9万头（只）畜禽，推广生物发酵床养殖4800m^2，建设沼气池900m^3，其中，猪牛马羊等牲畜8500只，家禽9万余只，累计减少2580t畜禽粪便。在搬迁大户的同时，澄江县还严管散户小户，将养殖猪数达10头的农户列为重点巡查对象，加强日常监管和巡查。龙街街道环建中心主任刘斌介绍，街道利用每月1次的村组卫生检查对养殖散户加强监管，2014年已对农户下发整改通知书4份，抚仙湖流域内的畜禽养殖管理得到了前所未有的加强。

5.3.3.2 推广畜禽养殖污染防治工程

“十二五”期间，实施抚仙湖流域畜禽养殖污染防治工程，该项目包括小型联户沼气池建设工程和微生物发酵床推广应用，微生物发酵床工艺流程如图5-3所示。

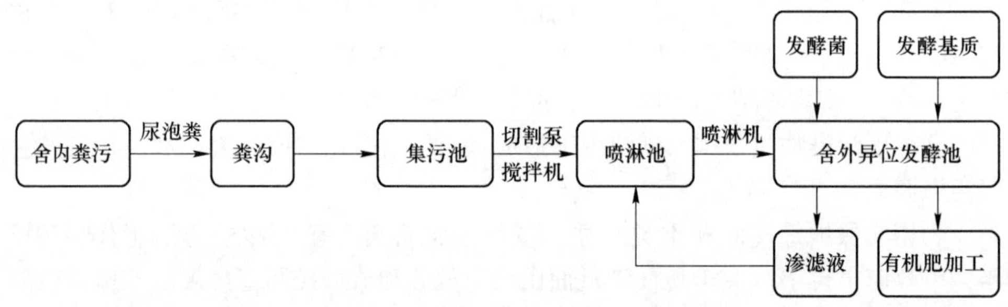

图5-3　微生物发酵床的工艺流程图

2012年江川县发酵床养猪技术推广5255m^2，建化粪池99口，2013年推广200m^2；华宁县2012年完成畜禽养殖小区5个小型沼气、2013年畜禽养殖小区2个小型沼气池。2013年，澄江县完成发酵床1000m^2、生猪标准化养殖2户、在建小型沼气池5个；

2014年，在抚仙湖流域内推广2673.4m^{2}微生物发酵床，实施25个养殖小区小型和联户沼气池建设，开展养猪综合配套技术推广及培训。其中江川县实施1000m^{2}生物发酵床改造、9个养殖小区联户沼气池建设；澄江县建设发酵床1673.4m^2，建小型和联户沼气池16处。

5.4 抚仙湖流域工业污染治理

5.4.1 抚仙湖流域内工业污染

抚仙湖流域内工业发展相对滞后。1992 年，基本形成以农业生产为主，磷化工为支柱，旅游业相配套的产业格局。流域内工矿企业主要集中在北岸澄江县城，据统计在册管理的工业企业有 9 家，其污水排放量 127.02 万立方米/年，主要污染负荷量为 COD_{Cr} 10.16t/a、BOD 53.90t/a、TN 7.55t/a 、TP 0.935t/a。抚仙湖流域非磷工业企业的数量较为有限，主要分布在老澄马公路两侧及其以北的飞机场片区，且多为建材企业，包括铝材、轧钢、塑料（水管）、水泥厂等，其行业性质不适合在抚仙湖流域继续经营。

1998 年，抚仙湖流域的工业以磷化工、建材、食品加工、水产品为主，磷化工依然是该地区的支柱产业。这一年流域内有大小企业 1866 个，工业总产值 76737 万元，占工农业总产值的 77.9%。主要工业产品有磷矿石 52.25 万吨，铁矿石原矿量 0.65 万吨，年发电量 202768 万千瓦·时等。

抚仙湖流域工业企业污染物排放类型主要是废气，以建材工业的水泥厂、砖厂、采石场为代表；排放的废渣量较小，主要以磷化工企业堆渣场的污染最为严重；排放废水的工业企业数量较小，以食品加工业和冶金工业为主。工业废气总排气量 169611 万立方米/年，其中 SO_2 260t/a，烟尘 184t/a，粉尘 23.52t/a，氮氧化物 67.92t/a。工业废水总氮排放量 0.035t/a、化学需氧量排放量 0.020t/a。

抚仙湖流域磷矿资源丰富，抚仙湖流域工业污染危害最大的是磷矿山与磷化工企业污染。1984 年开始磷矿开采，仅 10 多年的时间，露天磷矿开采使大量原生植被被砍伐，地表土壤层被剥离，开采剥离下来的土壤、围岩及低品位矿石堆积形成废弃地（图 5-4）。大面积磷矿废弃地和富磷矿层剖面裸露地表，使磷矿开采区成为严重退化的极地生态系统，改变了环境污染物质的原生环境，环境污染物极易受外界条件影响而迁移出地壳层。研究表明，该区域地下水和地表水已严重污染。

2004 年 9 月磷矿开采全面封停，磷化工企业关闭与搬迁，磷矿山区域生态环境得到一定修复，但受历史上磷矿粗放开采的影响，抚仙湖北部磷矿区生态环境曾一度受到毁灭性的破坏，磷化工残留造成持久磷污染。2010 年，据调查统计流域内磷矿区开采总面积 $208hm^2$，其中 $160.9hm^2$ 的矿区封停后进行了一定的复垦，尚有 $5.1hm^2$ 的矿区开采后严重裸露，成为主要的入湖磷污染源之一，对抚仙湖造成持久性的磷污染。

图 5-4　开采中的杨柳坝等磷矿区裸露地表

5.4.2　抚仙湖流域内企业污染整治

5.4.2.1　关闭磷矿开采与搬迁磷化工生产企业

抚仙湖流域拥有铁、镍、磷、铜等矿产资源，尤以被国际上称为“战略资源”的磷矿储量大、品位高、含砷低、水文和工程地质条件好、宜露天开采而著称。磷矿资源主要分布在流域东北部的澄江县境内和流域西南部的江川县螺蛳铺、杨柳坝。1982 年后，磷矿开采和磷化工发展形成一定规模，成为流域经济的主要支柱产业之一。抚仙湖周边共有磷矿开采点 25 个，其中澄江县 23 个、江川县 2 个。25 个开采点中 22 个分布在抚仙湖流域内。其中澄江县磷化工企业主要分布在东溪哨黄磷加工基地和大坡头磷化工基地，也在抚仙湖流域内。

2003 年，澄江县磷化工年产值达 10 多亿元，对财政的贡献达 3836 万元，占澄江县财政总收入的 34. 8%。然而，以资源型磷矿开发和初级加工为主的磷化工产业，缺少精深加工企业，且多分布于湖泊的上游地区和上风向，污染极易转移到湖泊内，污染贡献率大：一是矿山开采对地表植被造成严重的破坏，裸露的地表在暴雨径流的冲刷下，大量表土被剥蚀随地表径流汇入沟渠、河道，最终进入湖泊；二是磷化工企业生产的原料、废渣均采用露天堆放方式，暴雨季节随地表径流冲刷进入湖泊；三是磷化工企业生产过程中会有组织和无组织排放出大量废气，这些废气通过扩散，以降雨或降尘的方式进入湖泊；四是虽然矿山磷化工企业废水均实行封闭循环使用，但在雨季，含磷量极高的循环池溢流水外排，仍会由地表径流进入湖泊。另外，由于回用水池没有经过防渗处理，对地下水也有一定的影响。

2004 年 9 月时任总理温家宝视察抚仙湖和帽天山后，帽天山周边 14 个磷矿采点一天内被关闭，采矿设备全部撤离。从这一年起，澄江县财政每年减收 3000 余万元，几乎“半壁江山”垮塌，禁采磷矿石 7180 万吨损失达 130 亿元。

1982~2005年，在近23年的时间内，抚仙湖流域工业主要产品磷矿石的产量变化较大，其中1999年磷矿石产量达到105.38万吨，为历史最高值，此后几年逐年调整，产量比较稳定（表5-1）。

表5-1　1982~2005年流域主要工业产品磷矿石的产量变化

（万吨）（折 $P_2O_5$30%）

项目	1982年	1993年	1999年	2001年	2002年	2003年	2004年	2005年
江川县	9.13	24.17	82.73	54.50	58.47	59.40	50.76	41.31
澄江县		3.39	22.65	17.82	21.39	24.36	17.97	6.95
总计	9.13	27.56	105.38	72.32	79.86	83.76	68.73	48.26

2008年，在抚仙湖的南岸，距湖岸2.8km的云天化国际下属的天湖化工主动宣告关闭，告别了年销售收入达14.96亿元，利润1.34亿元，利税1.79亿元的光辉历史。江川县年工业总产值为此减少17亿元、工业增加值减少5.2亿元，占全县国内生产总值的16.5%；税金减少1.22亿元，占全县财政收入的52.6%。

2009年6月，随着澄江县德安公司最后一座1.2万吨黄磷炉异地技改完成，影响帽天山生态环境的31个矿点全面封停，10家黄磷生产线全部关闭。至此，澄江磷化工产业全部退出了抚仙湖流域。抚仙湖流域内的磷矿开采已经关停，磷化工企业也已搬迁至流域外的工业园区。但是，由于磷矿开采使地表高度裸露，每到暴雨季节，这些裸露的地表在雨水冲刷下，粒度较小的矿石会由地表径流进入附近的沟渠、河道，最终汇入抚仙湖。尤其是未开采完便封停但又未作任何复垦的矿山，大面积高品质磷矿裸露在外（如路溪勺矿区和旧城大山矿区等），暴雨冲刷对其影响更为严重。磷矿开采和磷化工对区域生态环境造成较大的负面影响，亟待生态修复。

5.4.2.2　帽天山磷矿开采区环境综合治理

自2004年磷矿开采全面封停后，在帽天山保护区18km²范围内，开始了完善林地恢复、地质环境整治、重点小流域生态环境治理工作。对化石地核心区5.12km²范围内的约7974亩土地逐步实施征收或租用退出，对小烂田、马鞍山化石剖面保护区160余亩土地进行征用退耕，对地质公园内保护公路两侧5~10m内耕地租用种植本地生态林木。累计投入复垦植被资金6093万元，植树面积8290亩，植草7500亩，林木成活率达95%以上，土地复垦植被绿化率达85%以上。

至2006年7月，帽天山环境综合治理已完成了采空矿坑的整形、地形修复；初步完成了治理规划中的两个区块的覆土植被、道路改造等工程；对8个采矿点进行了恢复治理，复耕450亩，修拦沙坝8座，退耕还林130余亩；建立帽天山保护绿色通道，修建了帽天山保护公路。

2009年，抚仙湖水质主要监测指标与2002年相比，总氮下降18个百分点，氨氮下降21个百分点，五日生化需氧量下降7个百分点，藻类下降19个百分点，叶绿素a下降4个百分点，透明度由4.47m上升到5.43m。

2011~2015年，实施澄江县帽天山周边磷矿拱洞山、旧城大山片区矿山地质环境恢复治理。主要包括土地平整、耕植土覆土，以及撒播植草等，实现林草面积达到宜林面积的80%，综合治理措施保证率达85%以上，治理区水土流失强度中度以下。对流域内纳入申遗核心区（帽天山北部拱洞山片区）已关闭磷矿山（约21.4hm^2）实施生态环境整治，治理面积约40.1hm^2，其中土石方约332225m^3（挖、填方），土地平整面积约6.42hm^2，耕植土覆土面积约16.18hm^2，撒播植草植树约40.1hm^2。

5.5 抚仙湖小流域农村面源污染及防治

5.5.1 农业面源污染

农业面源污染是指人们从事农业生产活动时使用农药、化肥、粪便，以及农田水土流失而产生的污染。

抚仙湖流域内的广大农村地区由于环保基础设施建设滞后，生活垃圾、生活污水、各类固体废弃物及畜禽粪便尚无规范的搜集、清运和处理系统，各类污水与区间地表径流大多经大小沟渠汇集后直接入湖。抚仙湖流域除东岸以外，其他区域的入湖河流两岸均分布着大量的村庄以及农田，农灌沟渠散布于田间，并与入湖河流相互连通，农田面源污染也汇入入湖河流，农村农业面源污染成为入湖河流水污染的主要污染源。

2001年，玉溪市规划委员会和玉溪市环境保护局制订《抚仙湖综合防治“十五”规划》时，抚仙湖流域内有耕地9.20万亩，每年化肥施用总量24038t，平均每亩施用达246kg，农药总施用量143.7t。这些农药、化肥随地表水、地下水渗透流入湖内，每年入湖氮肥2478t，磷肥1000t，给湖区生态环境建设造成了严重威胁。

2004年，抚仙湖流域有农业人口140596人，大牲畜存栏13065头，耕地面积8.97万亩，化肥施用量共25000t，其中，氮肥12357t、磷肥5818t、复合肥6825t。

2010年，抚仙湖流域内的耕地化肥施用量高达23112.1t，是1988年施用量（11823.7t）的2倍。化肥与人、畜肥施用比例由20世纪70年代的1∶9上升到2010年的8∶2。

2015年，流域农业生产仍然以传统方式为主，高污染经济作物种植和畜禽养殖，在给农民带来一定收入的同时，也给流域造成极大的污染。其中种植业方

面，全年流域化肥施用量达到29715t，尤其是抚仙湖流域北岸片区澄江县化肥年施用量高达21786t，占抚仙湖化肥施用总量的73.32%，其中TN、TP、NH_3-N流失量分别为705.10t/a、172.52t/a、141.02t/a，是流域种植业结构调整的重点区域。澄江县农业种植春季以烤烟和水稻的轮种为主，秋季主要种植菜豌豆、油菜和小麦。在这几种作物中，烤烟施用的化肥量相对较少，每亩烤烟施用专用复合肥大约为60kg；水稻每亩施用化肥包括尿素30kg左右，普通过磷酸钙35kg左右，碳酸氢铵35kg；菜豌豆的施肥量较高，每亩施肥量一般200kg，最高达到400kg不等，施用的化肥以尿素为主，同时还包括复合肥、硫酸铵以及钾肥。

化肥农药的径流污染具有旱季存储、雨季排放、旱作时期施用、水田耕作初期随雨水或农田灌溉水排放的特点。随着社会经济发展，农田污染物排放量呈增长趋势，为抚仙湖主要的污染源。因此，必须改变抚仙湖流域生产方式及治理技术，使农田面源污染得到全面有效控制，否则这些污染物通过地表径流和地层渗漏进入湖泊水体，将给湖泊生态安全造成严重威胁。

5.5.2　农村生活污水和人畜粪便污染

农村生活污水是抚仙湖污染源的重要组成部分。抚仙湖流域内的农村生活污染与流域农村人口数量、人口素质，以及采取的各项措施有密切的联系。根据调查，除了澄江县右所镇凤鸣村（距澄江县污水处理厂较近）的部分生活污水排入污水处理厂外，几乎所有村落的污水都未经处理由村内明渠顺地势排入附近的河道或沟道中，直接排放入抚仙湖。

2000年，抚仙湖流域共有248个自然村，总人口139037人。流域农村每年生活污水排放量为406万吨，人畜粪便排放量60万吨，其污染负荷TP 2077.2t、TN 2958.8t。这些污染物通过地表径流和地层渗漏有相当部分进入湖泊水体。

据统计，2009年，抚仙湖流域畜禽存栏总数82.78万头（只），其中牲畜11.25万头（只），禽71.53万羽；畜禽出栏总数146.07万头（只），其中牲畜10.78万头（只），禽135.29万羽。其中，牲畜饲养以猪为主，占89%。这年，流域内畜禽共产生污染物化学需氧量7429.4t，总氮1446.45t，总磷433.78t。

2010年，流域内少部分村落建设了村落污水人工湿地处理设施。如李头村、代头村、塘子村、大鲫鱼河人工湿地污水治理工程等。

2010年，抚仙湖流域畜禽存栏量为：大牲畜10196头、猪73743头、羊18791只、家禽766663只。其中，规模化猪场37个，其存栏量占流域内猪存栏总量的12%；规模化禽场34个，其存栏量占流域内禽存栏总量的45%。流域内畜禽粪便污染物产生量远远大于居民生活排放量，其中COD为居民排放量的6.1倍、总氮（TN）为1.7倍，总磷（TP）为3.3倍。畜禽污染物中有64%的用于还田，有36%的直接随雨水外排。

2013年，虽然畜禽规模化养殖已经逐步迁出流域，但流域内的散养数量仍然较大，畜禽粪便的处置方式较为粗放，多为随意堆放，雨季随雨水进入水系，严重污染水体。据统计数字显示，抚仙湖流域内共有养殖户24527户，养殖大牲畜16340头、羊36680只、生猪97282头、家禽1303995只，畜禽总数达145.42万头（只）。抚仙湖主要污染负荷为化学需氧量（COD）、总氮（TN）、总磷（TP）、氨氮（NH_3-N），农村生活污水、农田径流和人畜粪便是入湖负荷的主要组成部分，而畜禽养殖的粪便污染所占的比重较大。

1995~2015年，20年间抚仙湖流域以农村生活污水、畜禽养殖、农田种植为主的面源污染物排放量呈增长趋势，COD_{Cr}排放量由1995年的2390t增加到2015年的10737.85t，TN排放量由1995年235t增加到2015年的2392.11t，TP排放量由1995年的24t增加到2015年的427.06t。在流域入湖污染中，农村面源污染产生的COD、NH3-N、TN、TP占流域污染源的82%、86%、76%、79%，仍然是抚仙湖最大的污染源。农村生活污水、畜禽粪便、农业种植污染是抚仙湖面源污染的主要来源，对农村面源污染的有效治理是保障抚仙湖生态安全的关键，北部北岸片区和湖盆区是面源污染控制的重点区域。

5.5.3 农村面源污染防治

5.5.3.1 农田测土配方施肥

抚仙湖流域在抚仙湖保护治理“九五”规划工作开展的基础上，开展测土配方施肥、有机肥及新肥料的试验示范和推广工作，改变农民过量施肥、盲目施肥的传统习惯，提高农民的科学施肥意识和技术，提高肥料的利用率，确保流域生态效益和农业、农户的经济效益。测土配方施肥是以土壤测试和肥料田间试验为基础，根据作物需肥规律、土壤供肥性能和肥料效应，通过测量土壤N、P、K和微量元素的含量，了解土壤肥力状况，同时按照作物所需营养成分，合理确定氮、磷、钾和中、微量元素的适宜用量和比例，在合理施用有机肥料的基础上，提出氮、磷、钾及中、微量元素等肥料的施用数量、施肥时期和施用方法，以达到减少化肥用量、改善农作物品质、改良土壤的目的。

2001~2005年，抚仙湖流域内实施测土配方施肥22500亩。

2008年起，市县农业部门对流域2万亩土壤环境质量开展调查与评价，进行肥效田间试验，建立测土配方施肥地理信息系统，控释配方肥研制及推广，中微量元素推广。其中，澄江项目区示范菜豌豆5000亩、西兰花3000亩、大蒜2000亩，江川项目区示范青蒜7000亩、洋芋1000亩，华宁项目区示范大蒜2000亩。至2010年，两年间项目共完成作物专用配方肥推广示范20046.5亩；完成增施精制有机肥、减施10%~20%化肥的中心展示样板6片，共660.2亩；安排对比和效益跟踪试验28组，超额完成了项目任务要求。经同田对比跟踪试验得出，

推广配方肥与农户常规施肥比较，每亩节氮10%~22.4%，节磷17.2%~47.8%，节钾15.1%~60.4%；新增总产值406.96万元，新增总产量131.38万千克，总节本增效451.60万元，总减施肥料用量（折纯）130.54t，亩节省肥料6.5kg。

2011~2015年，抚仙湖流域测土配方施肥继续列为重点工程。项目设计澄江县实施测土配方施肥45万亩/次，江川县实施测土配方施肥30万亩/次，华宁县实施测土配方施肥15万亩/次，合计90万亩/次。工程于2011年开工，分别由澄江、江川、华宁县人民政府组织实施。澄江县完成抚仙湖流域测土配方50.55万亩/次；江川县共完成抚仙湖流域测土配方施肥30万亩/次；华宁县共完成抚仙湖流域测土配方施肥15.16万亩/次，占任务数的101.1%；三县累计完成投资2205万元，累计测土配方95.71万亩/次。2014年底，已通过相关部门竣工验收。

抚仙湖流域推广测土配方施肥技术后，过量施肥和比例不合理施肥的现象逐年减少，通过推广秸秆还田、施用精制有机肥，有效地加快了有机肥的利用步伐，明显改善了土壤养分结构，建立良好的土壤生态系统，减轻了化学物质和有机废弃物对农田和水源的污染，提高了耕地质量，改善了农产品品质，有效减少流域内化肥施用量，降低了农业污染。

5.5.3.2　农田面源污染防治示范技术

抚仙湖主要入湖河流污染控制区大部分是流域内经济发展区域，流域内村落和农田主要分布在该区，该区的面源污染对入湖水质的影响较大。污染物随着地表径流、漫流或经排渠汇入入湖河流，使抚仙湖水质下降。为确保入湖水质总体达到Ⅲ类的目标，在河流污染控制区的工程布置方面充分考虑其系统性，同时在技术上不断进行优化调整。

河流污染控制区两岸土地以农田和村落为主，农田面源为最主要的污染源。为有效净化河流污染控制区内农田面源、初期雨水、污染河水等低污染水，设计利用河流污染控制区两侧现有农灌沟渠（部分进行改造），串联人工湿地、生态砾石床、多塘及其他原位净化等各项独立的处理设施，形成整体的低污染水收集处理系统；开展控源工程，实施村落污染治理、产业结构调整与管理及农田面源污染控制等，降低污染物排放量；加强对河流污染控制区两侧低污染水的治理力度，设计在河流污染控制区两侧实施河滨生态缓冲带建设工程和河流水质净化与改善工程；此外，通过构建农田排灌水循环利用系统和建设沤肥池，实现循环经济及废物资源化利用。

A　多塘净化系统建设工程

多塘净化系统建设工程主要利用现有鱼塘进行改造，建设多塘净化系统，处理农田面源及初期雨水等低污染水。工艺设计是对鱼塘塘埂进行局部拆除，使周边的低污染水能够汇入多塘系统，并在鱼塘之间建设连通沟渠，连通鱼塘，并根据鱼塘塘底高程及底质状况种植相应的挺水、浮叶植物。如图 5-5、图 5-6 所示。

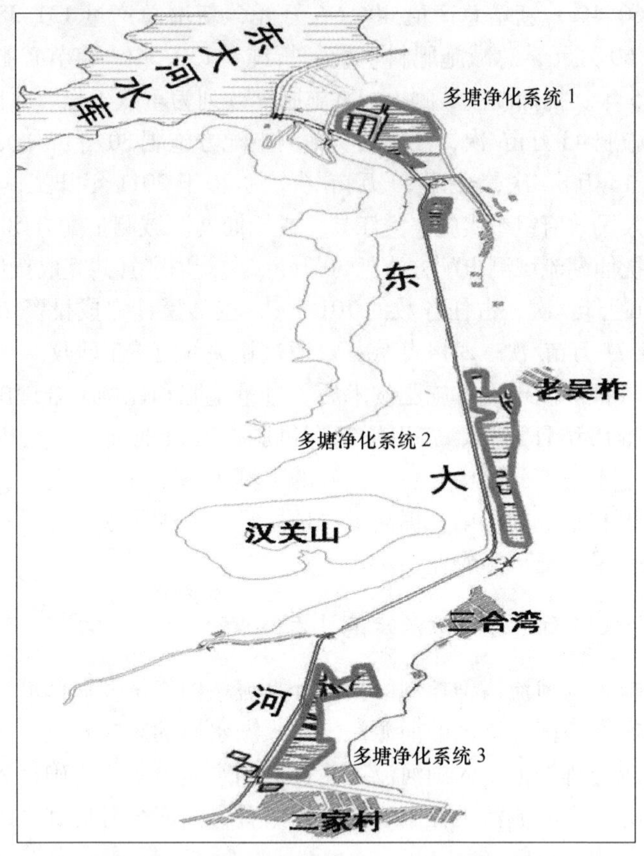

图 5-5　多塘净化系统建设工程位置示意图

图 5-6　抚仙湖东大河小流域多塘系统

多塘净化系统是十分简单且有效的低污染水净化处理系统，它主要是利用鱼塘改造成半自然人工湿地，处理周边农田排水和初期雨水，工程投资少，管理维

护简单。目前主要在东大河小流域开展了试点，效果显著。

B 生态砾石床工程

生态砾石床工艺是一种以生态砾石为填料的自然复氧型生态砾石接触氧化技术，是一项较为成熟的将低污染水导入由砾石材料制成的生态滤床进行处理的方法。该工艺为人工生态系统，具有造价低、运行费用低、水力负荷高等优点，可以有效去除水中的多种污染物，改善水体水质，特别适合于低污染水体的处理，近年在国内的北京市、上海市、云南省等地多处应用。抚仙湖东大河小流域生态砾石床工程六个汇水片区靠近抚仙湖入湖口，污水先经多塘净化系统处理后才进入生态砾石床，对低污水的净化效果明显。生态砾石床工程汇水片区面积及日汇水量如图 5-7 所示，抚仙湖东大河小流域生态砾石床工程实地图如图 5-8 所示。

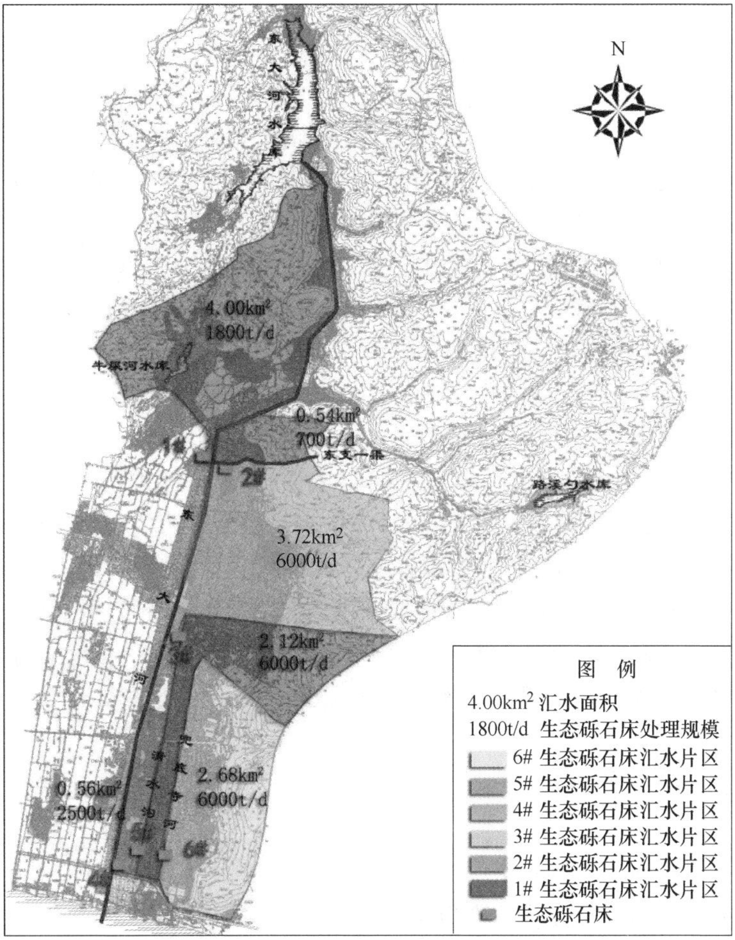

图 5-7 抚仙湖东大河小流域生态砾石床工程汇水片区图

图 5-8 抚仙湖东大河小流域生态砾石床工程实地图

C 蔬菜控氮减磷技术研究与示范

蔬菜控氮减磷技术主要针对抚仙湖流域种植面积大、施肥量大的块根块茎、花椰菜、葱蒜等三大类蔬菜开展技术研究和示范，实施年限为 2011～2015 年。蔬菜控氮减磷技术研究与示范，是对流域土壤进行理化性状调查，研究不同土壤类型养分垂直迁移状况，参试基础土壤和收后土壤的理化性状及植株各部位养分检测分析，研制块根块茎、花椰菜、葱蒜等三大类蔬菜专用掺混肥配方。2013 年蔬菜控氮减磷技术研究与示范，开展小区试验和同田对比试验 360 亩，控肥示范 1800 亩；2015 年完成同田对比试验 700 亩，控肥示范 3500 亩。该项技术的研究在示范区取得较好的控氮减磷效果，对农田入湖污水的减排起到很好的示范作用。

D 农作物病虫害生物物理防治

为降低农田作物农药的使用量，抚仙湖各小流域逐步实现农作物病虫害化学防治向生物、物理防治的转变。2012～2015 年规划了灯光诱集法实施面积 4 万亩，色板诱集法实施面积 1 万亩，性诱剂诱集法小菜蛾 3 万亩、斜纹夜蛾 3 万亩。

2013 年实施农作物病虫害生物物理防治 15500 亩。因北岸生态湿地建设，农田相对减少，灯诱成本高，后期维护难，比较效益不明显，且无农田面源污染控制的相关项目支撑，取消规划灯光诱集法实施面积 4 万亩一项。至 2015 年基本完成规划任务量。

5.5.3.3 农村生活污水防治

在抚仙湖东大河小流域水污染治理与清水产流机制修复项目中，根据东大河小流域污染控制现状与净化区内村落大集中小分散的分布特点和生活污水现状，同时结合澄江县污水处理厂配套管网（二期）工程，因地制宜采取集中和分散两种工艺对农村生活污水进行处理。

A　集中处理污水管网建设工程

结合澄江县污水处理厂配套管网（二期）工程，对于集中程度高，距现有（含规划）管网较近的村落，完善污水收集管网，采用雨污分流制，对 13 个村落生活污水进行收集，输送至污水处理厂进行集中处理。

在抚仙湖东大河水污染治理与清水产流机制修复项目中，东大河流域污染控制区集中处理管网建设工程共涉及 13 个村，分别为梨花村、东大河、上秧郎、下秧郎、旧城、右所镇（小街）、大营、斗底寺、洋潦营、上备乐、下备乐、梅玉村、柏枝村，总人口为 11384 人。集中处理村落生活污水分布示意图如图 5-9 所示。东大河小流域集中管网建设工程范围如图 5-10 所示。

B　分散处理土壤净化槽系统处理工程

对于分散的距离现有（含规划）管网较远，不宜进行集中收集处理的村落，采用土壤净化槽系统处理工艺进行单独分散处理。

在抚仙湖东大河小流域水污染治理与清水产流机制修复项目中，飞大田、吴柞、三合湾、补益村、二家村、大树村、东山村、大仁庄、跨马村和中所 10 个村落分布较为分散，选用土壤净化槽工艺对各村收集的污水进行分散处理，分布示意图如图 5-9 所示。

分散型污水处理系统——土壤净化槽建设工程排水采用雨污分流制，利用各村现状沟渠排除雨水，并新建污水管网，收集生活污水送入土壤净化槽进行净化处理。

土壤净化槽系统设计规模：

各村落生活污水处理设施的处理能力按 20 年的发展期设计，人口自然增长率按 7‰计算。分散处理各村落现状人口与 20 年后总人口数详见表 5-2。

表 5-2　各分散处理村落人口现状与 20 年后人口情况　　（人）

村名	人口	20 年后人口
飞大田	100	115
吴柞	336	386
三河湾	139	160
补益村	636	731
二家村	636	731
大树村	850	978
大仁庄	616	708
东山村	267	307
跨马村	1436	1651
中所	1275	1466

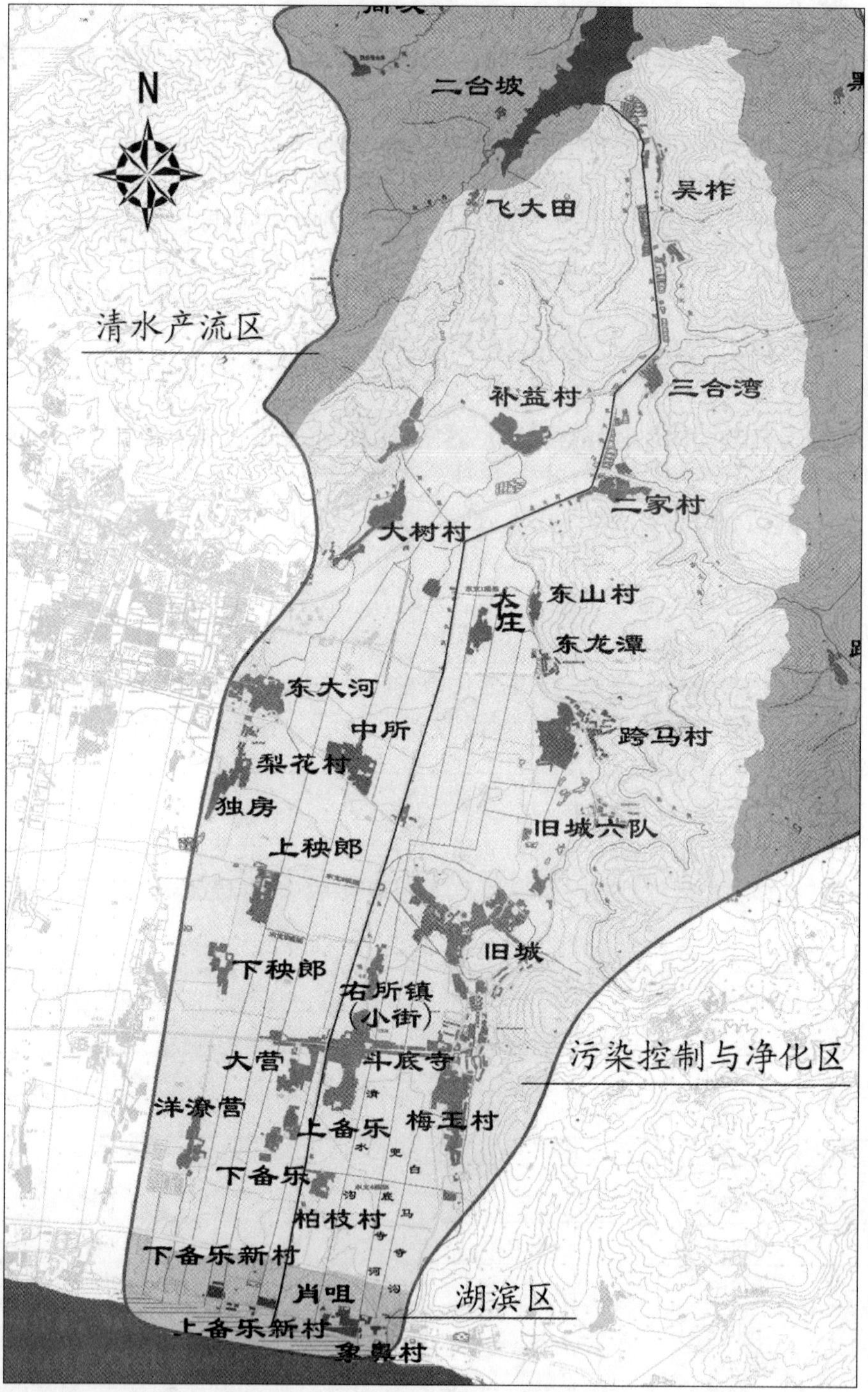

图 5-9　东大河小流域集中和分散处理村落生活污水分布示意图

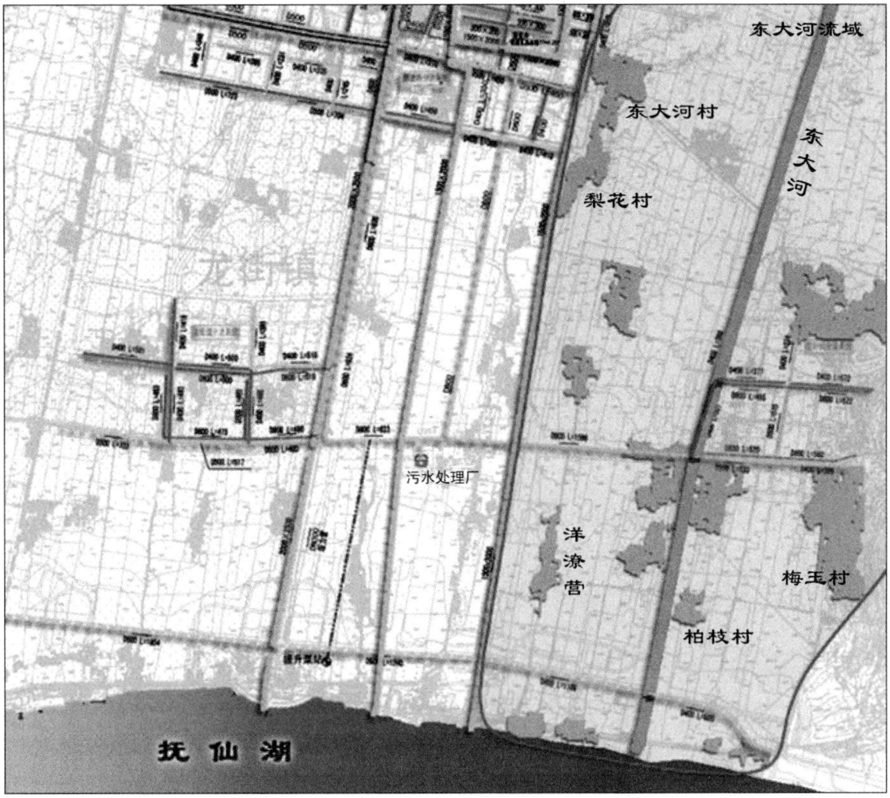

图 5-10 东大河小流域农村生活污水集中管网建设工程范围图

该工程设计污水收集管网采用雨污分流，故不计雨水汇入量。据现场调查，工程区内村落用水方式均为自来水，其人均污水排放量以 64L/(d·人) 计，污水的收集率按 60%设计，经计算得出各村污水收集量与土壤净化槽系统设计规模，见表 5-3。

表 5-3 各村落污水收集量与处理系统设计规模 (t/d)

村 名	污水排放量	污水收集量	设计规模
飞大田	7.36	4.42	8
吴柞	24.73	14.84	20
三河湾	10.23	6.14	10
补益村	46.81	28.09	35

续表 5-3

村　名	污水排放量	污水收集量	设计规模
二家村	46.81	28.09	35
大树村	62.56	37.54	50
大仁庄	45.34	27.20	35
东山村	19.65	11.79	15
跨马村	105.69	63.41	80
中所	93.84	56.30	70

土壤净化槽系统单体设计：

土壤净化槽系统包括隔油池、厌氧池、调节池、土壤净化槽和出水井五部分。该工程中的隔油池和厌氧池分别选自国家建筑标准设计图集 04S519（小型排水构筑物）和 03S702（钢筋混凝土化粪池），其中厌氧池清掏周期为 90 天，具体选型见表 5-4。

表 5-4　分散处理各村落隔油池和厌氧池选型表

村　名	隔油池型号	厌氧池型号
飞大田	GG-1S	G2-4S
吴柞	GG-1S	G6-16S
三河湾	GG-1S	G3-6S
补益村	GG-1S	G8-25S
二家村	GG-1S	G8-25S
大树村	GG-2S	G10-40S
大仁庄	GG-1S	G8-25S
东山村	GG-1S	G5-12S
跨马村	GG-3S	G12-75SF
中所	GG-3S	G11-50S

调节池为钢筋混凝土结构，为防止槽体渗水和增加结构稳定性，土壤净化槽底板选用钢筋混凝土结构，外墙为砖砌结构，出水井墙体为砖砌结构，如图 5-11 所示。

图 5-11　东大河小流域分散式处理生活污水土壤净化槽

5.6　抚仙湖流域生活垃圾的治理

5.6.1　村落综合治理

“九五”规划期间，建成了澄江县李头村、江川县牛摩下村、华宁县矣渡村

3个生态示范村试点工程，建成村内截污暗沟、生活污水无能耗生物净化处理系统、生物净化公厕、垃圾搜集坑、“三位一体”沼气池，对农村生活垃圾、粪便、污水实现了一系列生物净化处理，其出水水质均达到《污水综合排放标准》（GB 8978—1996）一级标准，污水中主要污染物SS、BOD_5、总N、NH_3-N，总P去除率在37.0%~71.2%之间，使污染得到了有效控制。

“十五”规划期间，流域内实施代头村、许家村、塘子村等3个农村面源污染控制示范工程。

“十一五”规划期间流域内实施的农业面源污染控制工程：启动禁控区有机农业示范工程，促进产业结构调整，有效控制面源污染。结合社会主义新农村建设，对沿湖18个自然村落生态环境进行综合整治，建设沼气池2000个，以示范带动，促进生活、生产方式的转变，改善农村人居环境，治理农村面源污染。

“十二五”规划期间，沿湖的村落和入湖河流周边的村落污染物的入湖率仍然较高，因而，实施抚仙湖沿湖重点村落环境综合整治工程，对抚仙湖流域内77个村进行环境综合整治，新建截污沟、检查井、溢流井，建设泵站等截污工程措施；建设污水处理系统、包括微动力生态滤池、土壤渗滤系统、塘表湿地工艺、沼气净化池等。

进入2010年后，流域内加大村落环境治理力度，选取流域内153个重点村落进行生活污水和垃圾的治理，建设分散型污水处理设施，对生活污水进行搜集处理；并结合现有垃圾搜集处理情况，增建垃圾池，增配垃圾清运车，集中处理村落垃圾的污染，削减污染物排出量及入湖量；同时分别建设1座垃圾焚烧厂和5座垃圾中转站，解决澄江县城、主要乡镇及周边村落的生活垃圾处置现状，防止生活垃圾进入抚仙湖污染水体。

5.6.2 垃圾搜集处置

抚仙湖沿湖村镇居民生活垃圾的搜集处置：由村镇居民自行将垃圾送至各村镇固定的垃圾容器间，再由各村负责环卫工作的人员用小型垃圾搜集车定时清运搜集至乡镇垃圾转运站，再送至县垃圾处理场。“九五”期间，澄江县李头村建垃圾搜集坑5个；江川县牛摩下村建垃圾搜集坑10个；华宁县的矣渡村建垃圾搜集坑8个。

“十五”规划期间，在沿湖村镇共建垃圾搜集坑300个，其中村落垃圾搜集坑183个；建成澄江县50t/d垃圾填埋场。

“十一五”规划期间，沿湖村落建成垃圾搜集坑200个。2007年建成江川县路居镇、华宁县海镜、海关20t/d生活垃圾填埋场、渗滤液处理站、设备及附属工程，实现解决城镇生活垃圾处理率85%的目标。

“十二五”规划期间，实施澄江县县城生活垃圾处理工程，以及村落垃圾中

转站及其配套设施完善工程。

澄江县作为抚仙湖北岸人口最为集中的片区，2011～2012 年投资 4667 万元，建成 100t/d 垃圾焚烧处理厂 1 座，配套垃圾转运系统及旧垃圾场封场。澄江县垃圾焚烧处理厂一期工程，配置每天 100t 的立式焚烧炉 1 台、每小时 5t 余热锅炉 1 台，设置 3 座垃圾中转站。垃圾焚烧处理厂焚烧系统为回转烘干—立式焚烧一体炉，焚烧过程中立式炉燃烧温度控制在 850～1000℃，达到焚烧彻底、处理完全的要求。垃圾焚烧处理的工艺流程为：城市生活垃圾由环卫专用车辆运输至垃圾处理厂后，首先计量，然后倒入垃圾池内。垃圾通过 5～7 天堆放、发酵，再吊送至进料装置后进入回转烘干筒，垃圾在立式炉内燃烧后，产生的灰渣经一次风冷却，由底部排出经粉碎后压制成建筑材料。同时，燃烧产生的烟气通过半干法塔、活性炭喷射和布袋除尘等系统净化处理后，可达排放标准。

2012 年 10 月，澄江县垃圾焚烧处理厂正式点火试运行。垃圾焚烧处理厂的建设，从根本上改变了生活垃圾简易填埋的状况，真正实现了垃圾处理的无害化、减量化和资源化。

2014 年 9 月，开工建设澄江县右所镇、海口镇、华宁县青龙镇海镜三个片区垃圾转运站 3 座，配备垃圾转运设施，此三个片区垃圾转运站及其配套设施完善工程是“十二五”期间抚仙湖流域村落垃圾处置重点工程之一。其中右所镇垃圾转运站建设规模为 30t/d，海口镇为 20t/d，海镜为 20t/d。每座垃圾转运站的主体工程均为：地坑式水平压缩集装箱 1 座，有效容积 $6m^3$；液压系统 1 套；地坑冲洗系统 1 套；渗滤液池（$12m^3$）1 个。另外，根据 3 座垃圾转运站各自的实际情况，还设有辅助工程、公用工程和环保工程。

此外，在流域水环境综合整治工程中，均有垃圾处置项目。

5.6.3 净化公厕

“九五”规划期间，在澄江县李头村建生物净化公厕 2 座（12 蹲位），江川县牛摩下村建生物净化公厕 3 座（12 蹲位），华宁县的矣渡村建生物净化公厕 2 座（12 蹲位）。

“十五”期间，在沿湖村镇共建生物净化公厕 30 座。

“十一五”规划期间，投资 300 万元在沿湖村镇建成生物净化公厕 10 座、生态旱厕 500 个。

“十二五”规划期间，在区域水环境综合整治工程中，均有净化公厕建设项目。

5.6.4 沼气池建设

“九五”规划期间，建成沼气池 433 口。

2000年，农村户用沼气池建设被列为玉溪市“十大民心工程”之一。“十五”规划期间，抚仙湖流域建成沼气池9000口；“十一五”规划期间，建成沼气池2000口。据市农业局有关部门统计，2000~2015年，抚仙湖流域农村户用“三位一体”沼气池建成19546口；养殖小区中、小型沼气池数量19个，其中$50m^3$ 17个，$100m^3$ 2个。沼气池的建设实现了农田作物秸秆、有机生活垃圾和人畜粪便的回收和资源化利用，为清洁乡村的打造和清洁能源的供给提供了保证。

5.7 抚仙湖流域磷矿开采区植被恢复治理

5.7.1 抚仙湖磷矿开采区概况

抚仙湖磷矿开采区隶属澄江县，位于抚仙湖东北角，澄江县城东，南起右所矣旧，从渔户村开始，经大坡头、路溪勺、小烂田、麦田坡、九村蛟龙潭、风口哨、狮子山、大山寺，直到阳宗盖板山。地理坐标范围为东经102°56′~103°01′，北纬24°37′30″~24°46′45″，中心地理位置为东经102°59′31.0″，北纬24°39′34.9″，海拔约1850~2187m。磷矿分布区南北直线距离长18.73km，磷矿层出露总长34km，面积7244.27hm^2，占流域面积的10.21%。土壤类型主要为红壤和水稻土。地带性植被类型是以壳斗科（Fagaceae）、樟科（Lauraceae）、茶科（Theaceae）、木兰科（Magnoliaceae）植物为优势种的半湿润常绿阔叶林。但该区开发时间较早，人为破坏严重，植被恢复前半湿润常绿阔叶林残留39.40hm^2，只占整个开采区面积的0.54%，在磷矿开采区植被生态系统中已不能发挥太大的作用；地表植被以旱地栽培植被最多，面积为2750.51hm^2，占磷矿开采区总面积的37.97%；其次面积较大的是次生植被华山松林和云南松，两者面积合计占磷矿开采区的31.71%，其他植被类型均面积较小且呈零散分布状态；磷矿开采废弃地115.80hm^2，虽只占磷矿开采区面积的1.60%，但因常年深度剥离式的开采方式对地表植被破坏较大，又缺乏有力的开采面恢复措施，雨季表土随径流流失增加了抚仙湖的污染负荷。

磷矿是澄江县的主要矿产资源，平均品位高、易选矿、有害杂质少，开采量巨大，磷化工成为澄江县的经济支柱产业。根据云南省地矿局地质一大队1982~1985年详勘成果，澄江县磷矿（8%以上）储藏量6.5亿吨，占全省储量的21.8%。其中富矿1亿吨（含抚仙湖水下部分），主要分布于右所矣旧象山至阳宗盖板山磷矿带。自1984年，澄江县磷化总公司对空心坟一带磷矿进行开发后，集体、个体对磷矿的开发逐年增多。经过20余年的建设，澄江县磷产品年产值达10亿元，成为全国最大的县级黄磷生产基地。但澄江磷矿的开采常年处于无序开采状态，采矿者顶峰期多达50余家，矿区山体可谓千疮百孔。

依小流域地貌将抚仙湖流域磷矿开采区划分为东大河小流域磷矿区和帽天山磷矿区两个单元。其中帽天山磷矿区位于澄江动物化石群帽天山世界地质遗产和

国家首批 A 级地质公园核心区的边缘，最近的磨盘山矿区距抚仙湖直线距离仅有 2km，入湖河流代村河水质为 V 类水，增加了抚仙湖的污染负荷。抚仙湖磷矿开采区区位如图 5-12 所示。

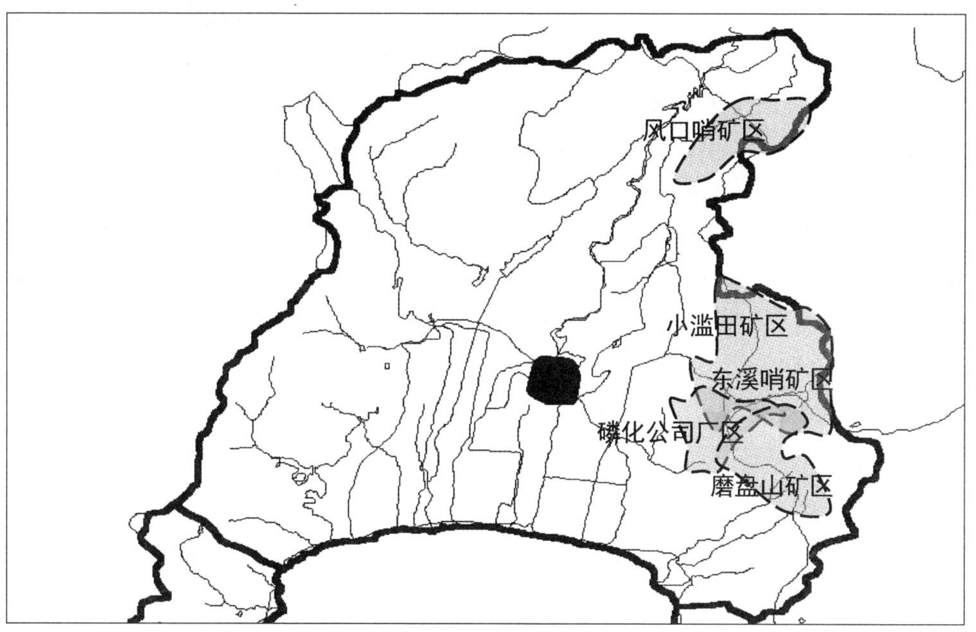

图 5-12 抚仙湖磷矿开采区区位图

2004 年 9 月 5 日，国务院总理温家宝视察帽天山自然保护区，作出保护澄江化石群、保护世界化石宝库、保护这个极具科学价值的自然遗产的“三个保护”的批示。为了合理利用和有效保护矿产资源，澄江县人民政府制定了《澄江县矿产资源管理实施办法》，初步规范了县内的矿产资源勘查与开发利用活动，及时对帽天山周边 14 个磷矿采点实施了全面禁采，对浪费和破坏资源严重的矿山予以取缔；同时对 11 家磷化工企业进行整合，成立澄江县诚合矿业开发有限责任公司。至 2005 年底，磷矿资源保有储量 253066kt，扣除国家级地质公园内的渔户村大型磷矿床和出大水中型磷矿床的资源储量后，澄江有磷矿石保有资源储量 85988kt。

5.7.2 磷矿开采区生境敏感性特征

5.7.2.1 水文环境特征

抚仙湖流域内的河流属于珠江流域西江水系南盘江支流，湖泊集水主要靠降雨补给，除每年抚仙湖接纳星云湖的水量约 0.433 亿立方米外，大部分入湖水量是分布于湖周的溪流，约2.03亿立方米，其特点是河道短小、坡陡、地表径流速度快、汇流时间短。其中磷矿开采区汇入抚仙湖的河流主要有代村河和东大河。代村河是帽天山磷矿区、澄江磷化公司和沿途村庄的纳污河流，河水经下游代村河水库汇集后最终流入抚仙湖。经监测代村河每年流入抚仙湖的废水量约为37.84万立方米，其中主要污染物污染负荷为T-P：0.737t/a，T-N：4.000t/a，SS：146.264t/a，F：0.238t/a。东大河是东大河磷矿区的主要河流，源于王高庄矿区东北角，流经王高庄矿区东部汇入东大河水库再向北汇入抚仙湖。东大河河流全长21.6km，径流面积64km^2，多年平均流量0.33m^3/s，年径流量0.104亿立方米，年输沙量0.307万吨，年均含沙量0.30kg/m^3，年均输沙模数48t/km^2。磷矿开采后随地表径流流失的土壤营养盐流入抚仙湖增加湖泊水体磷、氮、悬浮物等污染负荷，对湖区造成不利影响。东大河和代村河两条河流输送的污染物总量在所有入湖河流中所占比例见表5-5。

表5-5　抚仙湖监测河流主要污染物入湖总量统计

主要污染物	SS	F^-	TP	TN
所有监测河流 污染物入湖量/t·a^{-1}	6962.528	72.482	26.394	372.956
磷矿开采区主要入湖河流 （东大河和代村河） 污染物入湖总量/t·a^{-1}	2104.886	1.958	13.741	16.561
磷矿开采区主要入湖河流 （东大河和代村河） 输送量所占比例/%	30.23	2.70	52.06	4.44

资料来源：抚仙湖流域磷矿开发对湖区影响研究报告，2006年12月。

5.7.2.2　气候环境特征

磷矿区地处低纬高原，属亚热带半干燥高原季风气候，盛行风向为西南季风，最大风力可达七级。具有干湿两季界线分明、冬春干旱、夏秋多雨的气候特征。夏秋雨季主要受孟加拉湾西南和北部湾东南两支暖湿气流影响，热湿多雨；冬春两季受来自北非、西亚及印度半岛等干燥气流和北方南下的干冷气流控制，干燥少雨，具有降雨随海拔升高而增加，气温随海拔升高而降低的一般规律。由于受地形和气候的影响，磷矿区降雨量大于湖区，根据实测降雨资料统计，多年降雨量为800~1100mm，全年80%~90%的降雨集中在5~10月。蒸发量在1200~1900mm之间，一般大于降雨量。日照时数为2000~2400h。

5.7.2.3 植被特征

磷矿区植被区划属亚热带常绿阔叶林，但人为破坏严重，现状植被以旱地栽培植被为主，其次为华山松林、云南松林、次生灌草丛等。从群落类型看，主要为原生地带性植被破坏后的次生群落，群落结构较简单，盖度中等，稳定性较差。从物种结构看，乔木、灌木种类少，动物种类少、物种多样性低。从营养结构看，因物种少致食物链短，食物链之间的联系不紧密，从而造成结构松散；从空间结构看，大多次生幼林无论是垂直分层结构还是水平镶嵌结构都不明显。综上，植被类型以旱栽植被为主，森林植被遭一定的破坏，盖度低，坡面以面状、沟状侵蚀为主，河道以冲沟、山洪侵蚀为主，水土流失严重。

5.7.2.4 地质地貌环境特征

磷矿区地势东高西低，最高点为献饭山，海拔 2274.6m；最低点为响水河，海拔约 1790m，相对高差 484.6m。区内属中低山侵蚀地貌区，山地坡度一般在 25°左右，部分地段达 35°左右。

磷矿区主要出露地层有震旦系澄江组、南沱组、陡山沱组及灯影组，寒武系筇竹寺组、沧浪铺组、龙王庙组及上第三系，第四系。

岩性特征：震旦系澄江组分布于研究区西部，岩性为暗红色石英砂岩夹泥岩；南沱组分布于西部，岩性为红至暗红砂质页岩夹粉砂岩；陡山沱组岩性为浅灰白云岩及灰质白云岩，局部夹灰岩、砂岩；灯影组分布于项目区大部，厚度大，约 285m，岩性为灰、浅灰色中层至厚层状白云岩、泥质白云岩、粉砂质白云岩；寒武系筇竹寺组分布于研究区北东，以灰绿、灰黄薄层状泥岩、白云质粉砂岩组成，厚度较大；沧浪铺组主要分布于研究区西至南西，为灰绿、紫红、黄绿色云母石英粉砂岩、细粒石英砂岩、粉砂质页岩组成；上第三系亦以砂岩、粉砂岩和泥岩为主，与下伏地层呈角度不整合关系；第四系洪积冲积层主要分布于东北角，以黏土、卵砾石组成，山坡有 0.5~10m 残积坡积层。

研究区岩土工程地质特征总体上呈土体结构松软、易变形、力学强度差特点。陡坡处易沿土石分界面发生滑坡，切坡过大易发生土体崩塌和滑坡；岩体岩石力学强度高，风化能力强，层面、节理面为主要结构面，风化层较薄，受层面、节理面切割影响，易发生崩塌、滑坡和岩溶塌陷等地质灾害。

总之，磷矿区内由于 2005 年前以私人中小型剥离式开采为主，地表植被破坏严重，山体不断向下挖掘，加大了区内切坡，加之区内植被原来就较为单一，结构简单，生态稳定性较差，80%~90%雨量又集中在雨季，成为地质灾害和灾害天气次生灾害发生的重灾区。其次，研究区内水系属抚仙湖流域汇水河溪，河道短小、坡陡、地表径流速度快、汇流时间短，降雨过程中磷矿开采引发的流失水土携带丰富的磷、氟等营养盐流入抚仙湖，增加了抚仙湖的污染负荷。再次，研究区紧邻帽天山国家古生物地质公园区，矿山的开采破坏了景观的完整性和连续性，对地质公园的保护和未来进一步的科研可能带来不可逆转的损失。磷矿区在磷矿开采过程中加剧了原有生态系统的脆弱性，生态系统具有较高的敏感性。因此应重视构建具有相对复杂结构的森林生态系统，加强对废弃矿区的植被生态恢复与治理。

5.7.3 磷矿开采区野外植被样地调查

植被群落调查是为进一步的植被类型特征分析及植被恢复物种配置收集第一手资料。调查采用英美学派与法瑞学派相结合的方法，遵照分散典型取样原则，在磷矿区选取植物群落地段的各个群丛个体（Association individual，初定的原则是种类、结构、外貌的一致性程度），选取样地进行群落调查。根据实地考察结果，选取磷矿区分布面积较广和较典型的云南松林、华山松林、滇油杉林、竹林、桉树林、元江栲林作群落调查。元江栲林作为地带性原生植被因人为破坏严重，仅以风景林得以保存，较大的一块位于风口哨村，面积3.91hm^2，因此只设一个样地，面积400m^2(20m×20m)，其余植被类型各设置3个样地，单个样地面积100m^2(10m×10m)。每木调查乔木、灌木，在每个样地内分别设置面积为1×1m^2的小样方，调查草本植物。样地形状不限，依地形而定。

在磷矿开采废弃地上，以空间代替时间系列，选取1~5年磷矿废弃地草本植物群落和磷矿废弃地剥离表土堆积区自然恢复形成的旱冬瓜幼林作植物群落样地调查，分析其群落自然演替形成规律和特征。草本群落共设置样地16个，单个样地面积5m×5m，旱冬瓜幼林共设置样地3个，其中一个样地面积10m×10m，另两个样地面积为5m×5m。

样地调查内容包括：

（1）群落结构：记录每个样地分层特点层高度、层盖度、层优势种及群落总盖度。

（2）群落种类组成：用法瑞学派方法着重调查和记录样地内每类植物种（限蕨类以上高等植物）的名称、多优度、群集度、生活型，每株植物的高度，并计算每类植物种的存在度和盖度系数。

（3）地形因子：测量、记录每个样地的海拔和坡向、坡度等地形要素，并对定性要素量化处理：海拔——采用气压式海拔表的实测值；坡向——将罗盘仪的实测方位角转换为：0（N）~180°(S)~360°(N)；坡度——用坡度仪实测；

（4）其他：样地周围环境、干扰程度和方式、母质、土壤等。

5.7.4 磷矿开采区野外植被群落调查结果

磷矿区选取的六类植被群落有地带性植被元江栲林，分布面积较广、适应性

较强的次生林华山松林、云南松林、滇油杉林，及具有较好经济价值的竹林和桉树林，它们对维持磷矿区良好的生态环境和景观的完整性具有重要的意义。但由于磷矿开采及其他的经济活动使它们均不同程度受到破坏，表现为面积减少（特别是地带性植被元江栲林，面积只有 3.91hm^2，占研究区总面积的 0.05%），破碎化程度高，从而降低了生态维护的功能。因此为恢复破坏的生态环境，提高磷矿区景观系统生态功能，在对磷矿开采面和废弃地进行植被恢复时，应充分考虑磷矿区现状植被的群落结构特征，依据乔灌草藤立体搭配的原则，尽量选用各群落样地物种存在度 4 级及以上物种，即优势乡土物种来恢复开采面，做合理的群落配置。

云南松林、华山松林和滇油杉林在研究区具有较宽的生态适应幅，从它们群落结构的分析中可看出，各群落除草本层中出现喜光耐旱的外来入侵种紫茎泽兰外，乔、灌、草三层物种均由地带性的物种组成，只是所处的演替时段不同，各物种的地位不同而已，说明只要给予这些植物群落适当的抚育措施，再施行足够时间的封山育林，它们有向原生植被演替的趋势。依据各群落样地物种存在度 4 级及以上物种在群落中的地位，在选用这三类群落做磷矿开采面的恢复时，各层可选用的物种如下：

云南松群落乔木层选用云南松、黄毛青冈、旱冬瓜，灌木层选用白牛胆、波叶山蚂蟥、乌饭树、米饭花、小白花杜鹃、矮杨梅、小叶荀子、厚皮香、云南含笑，草本层选用长萼鸡眼草、毛甘青蒿、香青、金发草。

华山松群落乔木层选用华山松、滇石栎，灌木层选用小白花杜鹃、厚皮香、臭荚迷、南烛、云南含笑、乌饭花，草本层选用山金银、酢浆草、凤尾蕨。

滇油杉群落乔木层选用滇油杉、高山栲、滇石栎，云南松，灌木层选用水红木、炮仗花杜鹃、厚皮香、臭荚迷、常绿蔷薇、华灰木、小铁仔、白牛胆、金银花，草本层选用刚莠竹、红果苔草和毛甘青蒿。

元江栲群落作为研究区的典型地带性植被，几乎都由阔叶树种构成，其群落内部出现的物种及它们的优势度等级均是和当地的环境协同进化的结果，也是相对稳定和持久存在的物种，对维持研究区物种多样性和提高环境质量起着重要的作用。因此在磷矿开采面的植被恢复中元江栲群落的恢复应得到重视，林内物种的配置应参照样地各层的优势物种来搭配，即乔木层选用元江栲、滇石栎和滇青冈，灌木层选用乌饭花、厚皮香和白牛筋，草本层选用毛杆青蒿、三叶悬钩子（藤本）、土牛膝、血满草、沿阶草。

竹林作为人工栽培的经济林，由于受到较频繁的季节性砍伐，物种多样性较低，但却是当地居民易栽易管的群落类型。为提高该群落的物种多样性和稳定性，磷矿开采面选择用竹林群落恢复时，可在竹林下混栽适当的乡土物种，可选用物种为：灌木层选用土茯苓、滇山茶、梁王茶、藤本植物巴豆藤，草本层选用沿阶草、土牛膝。

桉树林属速生次生性群落，由于其特殊的化学它感性和当地居民对桉树叶和树皮的季节性修剪，使得乔木层盖度较低，林下阳光充足，为生物入侵种紫茎泽兰的侵入创造了较好的条件。林内的物种多样性在研究区现状植被群落中是最少的。因此磷矿开采废弃地做植被恢复时不应选用桉树林做大面积恢复，在废弃地边缘地带可适当将桉树作为经济物种栽种，以兼顾当地百姓的经济收益。

草本群落的物种配置。在1~5年磷矿废弃地植物群落中，牛尾蒿从第一年入侵、定居、繁殖、竞争，一直到第5年都占有优势。而细柄野荞、红茎马唐、土荆芥、披散门荆、加蓬（Conyza canadensis）、波叶山蚂蟥（Desmodium sequax）、滇蔗茅等具有较高存在度和多优度，为该阶段优势种。在土壤水分极缺乏而贫瘠的磷矿开采废弃地上做乔木植物群落的人工恢复，成活率必将不理想，也是不经济的，但做草本或灌木的恢复，可在短期内提高地表的植被覆盖率，实现对裸露地的水土截留。从1~5年磷矿废弃地上草本群落的形成和演替特征上看，1~3年的优势种多属于研究区一年生和多年生的山地杂草，在无人为干扰情况下较易自动进入撂荒地，不需要做专门的人工恢复。而4~5年的半灌木状波叶山蚂蟥和多年生草本滇蔗茅等的出现，因其物种盖度和高度相对较大，对废弃地干、贫小环境的改善更为快速，可选作人工恢复的物种，以加快废弃地植被恢复的进程。

磷矿废弃剥离表土区具备较强的旱冬瓜群落恢复能力。抚仙湖流域磷矿开采区属半湿润常绿阔叶林森林气候，温暖而湿润，植被具备快速恢复的能力。旱冬瓜林是中亚热带西部常绿阔叶林地区的干湿交替气候条件下，在温暖湿润环境中出现的次生林，具较宽生态幅。滇中高原是其主要分布区之一，还习见于滇西、滇西南、滇中南、滇东南、滇东北各地，一般见于向阳山坡，多为小片分布，具有很好的水土保持效率。旱冬瓜是落叶乔木树种，具有树叶肥大、木材细致、胀缩性小、不易开裂变形、木材无特殊气味等特点，易于加工包装箱，是制作家具的材料；根部具瘤，有固氮作用，对废弃地土壤有较好改良作用，因此是重要的速生、优质、丰产的造林树种。磷矿剥离表土堆积区，土层厚而疏松，残留在土壤中的繁殖体和从周围传播来的种子能迅速发育。旱冬瓜种子多、小而轻、易随风传播，在光照充足的剥离表土堆积区具良好更新能力。调查发现旱冬瓜和草本植物同时入侵剥离表土堆积区，2~3年定居竞争形成旱冬瓜群落，简化了群落演替阶段，缩短了从草丛到乔木的群落演替时间，加速了磷矿废弃地森林植被的恢复。因此，旱冬瓜是一种重要的废弃地造林树种。

从旱冬瓜林的形成过程可知，旱冬瓜和草本植物在剥离表土堆积区是同时入侵的，旱冬瓜3~5年便可成林，并林冠较大，虽抑制了林下灌木和草本的生长，但水土保持效果较好。因此选用旱冬瓜群落作磷矿废弃地的恢复时，参照调查样

地的物种组成，可选用乔灌两层的优势物种做恢复，具体为：乔木层旱冬瓜、华山松、云南松，灌木层为具固氮效果的马桑和生态适应幅较宽的火棘。

5.7.5 磷矿开采废弃地植被恢复原则

5.7.5.1 优先修复土地原则

磷矿开采废弃地植物群落形成与演替过程受多种环境因子的综合影响，其中土壤是植被恢复的主要限制因子之一。磷矿区常年开采磷矿采用的是深度剥离式的开采方式，开采必然造成地表植被清除和表土层物理结构及基岩的破坏。开采区出现开采坑和塌陷区，边坡高度大，基岩裸露。废矿石堆积区表现为石块多、孔隙大，营养元素和植物繁殖体缺乏，土壤微生物活性下降。而剥离表土堆积区则清除、掩埋了地表的植被，虽土层厚、肥力好，但却因土层疏松而易发生水土流失。因此不管是磷矿采矿场还是表土堆积区原有生态系统均不复存在，两者已经成为生态严重退化的地域，必须对其进行适当的废石料回填、边坡削平、地面平整和表土回覆等措施才能完成后期的植被生态恢复。

5.7.5.2 自然恢复与人工恢复相结合原则

矿业废弃地的恢复与重建对国土资源的合理利用及生态环境的保护均有重要意义，而所有自然生态系统的恢复和重建，总是以植被的恢复为前提的。自然生态系统的自然恢复能力存在地区差异，在寒冷和干旱的气候条件下，植被自然恢复比较慢，而在温暖湿润的气候条件下，自然恢复比较快。抚仙湖流域磷矿开采区属中亚热带半湿润区，高原季风气候，常年气候温和，四季如春，冬无严寒、夏无酷暑，年平均气温 15.5℃，年无霜期 273 天，年平均降雨量 952mm，年平均日照 2153.5h，地带性植被为半湿润常绿阔叶林，植被具备较强自然恢复和更新能力。在剥离表土堆积区，土层较厚而肥沃，残留的种子和繁殖体较丰富，根据前文可知只要没有过多的人为干扰则能迅速萌发，在较短的时间内便形成灌草丛或旱冬瓜林。因此，该地区的剥离表土堆积区具备较强的植被自然恢复能力，可在封山育林的基础上实现植被的自然恢复。

从理论上来说，只要不是在极端的条件下，没有人为的破坏，经过一定的时间，植被总会按自然的演替规律而慢慢恢复，但通常这个过程较漫长，据专家估计至少需要 50~100 年的时间。而磷矿采空和塌陷区因淹水或干水，石块多、孔隙大，土壤营养元素和植物繁殖体缺乏，土壤微生物活性下降，属于典型的严重退化生态系统，短期内不可能有植被的恢复。因此开采废弃地应在废石料回填、平整地表、回覆表土等措施的基础上，采用人工恢复植被的方法来加速植被的重建过程，以降低水土流失量，以实现对其水土的截留和生态系统的恢复。对于还未能很好形成最初草本群落的表土堆积区，需采取措施人工撒播草种，已自然形成草本植物群落的堆积区，则应在其上人工种植乔灌树苗，以实现生态系统的较快恢复，在获取生态效益的同时，又可获得良好的经济效益。

总之，磷矿开采区的生态恢复，应在回填开采坑、平整土地的基础上，人工恢复与自然恢复相结合，依矿区小环境的异质性，海波、坡度、坡向及周围植被状况的不同，选用不同植被群落做人工恢复。

5.7.5.3 多物种间种原则

磷矿开采区生态恢复的短期目标是遏制水土流失，远期目标是重建稳定的地带性植被生态系统，以保证地方生态—经济—社会的协调发展。无论是实现近期还是远期的目标，植被种植是重建任何生物群落的第一步，它是在短期内以人工手段促进植被快速恢复的方法。常年采用深度剥离式的开采方式，形成了大量的开采坑和坡面，因此坡面绿化植物种类的选择和配比得当与否也是影响矿山植被恢复效果的又一个重要因素。同时要强调的是不论选择何树种进行恢复，都不能单独种植，因为某一物种只有和它所处的群落环境中的其他物种形成互利共生关系，才有利于该种群的扩大和提高抵抗外界干扰的能力。因此，磷矿开采区的植被恢复，不应是单一树种的栽种，而应是选择某一群落内各层优势种进行同时段多物种间种，或是分时段多物种间种，才能达成长久治理的目标。

依据矿区实际，在具体植被的人工恢复中，应按照“乔灌草藤结合”“宜草则草，宜乔则乔”的物种搭配原则，选择的树种既要有固坡、防止水土流失作用，又要有利于生态恢复和景观美化。具体选种物种要具有以下的特征：（1）根系发达、生长快；（2）适应性强、抗逆性好；（3）优先选择固氮树种；（4）尽量选择当地优良的乡土树种和先锋树种，也可以引进外来安全的速生树种；（5）树种不仅经济价值高，还具有多功能效益。

5.7.5.4 景观连续性原则

不同的开采废弃地上选择什么样的林种做恢复，除考虑立地条件与植物生态学、生理学特征相适应外，还应依据景观生态学中“景观系统整体性、连续性原则”来配置。位于风景名胜区抚仙湖东北角和帽天山国家地质公园的范围内，磷矿的开采不仅破坏了开采面的生态环境和地质环境，也使两大风景区景观的完整性受到破坏。因此废弃地植被群落的恢复，既要选用矿区周边主要植被群落来恢复，同时群落内也要配置和立地条件相符的抗逆性强的乡土优势物种，这样才能既保证磷矿开采废弃地和周边地段的景观完整性和连续性，也能实现改善生态环境、防治水土流失的目标。

5.7.6 废弃地土地复垦

磷矿的深度剥离式开采，对地表植被、土壤及岩层结构均带来严重破坏，已

不具备植被恢复的立地条件，因此在做植被的人工恢复时，需在雨季来临前先对开采废弃地做适宜的土地复垦。根据磷矿区地处山区，磷矿的开采主要占用林业用地和耕地，结合矿区位于抚仙湖风景旅游区和帽天山国家地质公园周边的实际情况，应把矿业废弃地生态恢复与资源利用结合起来，因地制宜采取工程措施与生物措施相结合的方式进行综合治理，以生态复绿为主，爆破削坡卸荷，结合挡墙排水沟配套为辅，确定在根治地质灾害的基础上，兼顾环境美化和经济承受能力进行林业复垦，恢复植被，还原生态地貌景观，推动地方经济的持续发展。

5.7.6.1 采矿场废弃地土地复垦

对于已经废弃而未作恢复的采矿场，为促进植被的快速恢复与重建，首先采取工程措施，以就近的原则，用开采时挖出的剥离废矿石及矿渣回填开采坑。其次在靠近表层时按岩土性能、块度大小分层堆放，表层的排弃物或回填物颗粒应控制在25mm以内，经整平压实后可形成防漏层。其中回填开采坑时应尽量保证回填区和周边相连坡度小于15°。最后将储存于表土库中具有丰富种子源的土壤和周边未开采但蕴含丰富土壤种子的土壤，均匀铺撒于复垦区上面，覆土厚度0.5~1m。土壤铺撒后应禁止机械设备碾压，防止土壤板结，使其具有较好的保水性，为后期的生态恢复做准备。

对于低矮的小规模边坡，清除边坡危石后覆土。高度较大的边坡，可采用梯级爆破法，将采场边坡逐级分台进行爆破，自上而下形成阶梯形，每个台阶高10~20m，平台宽5~10m，最大坡角控制在38°。边坡做处理后，需覆土铺设0.3~0.5m。

5.7.6.2 弃渣场及表土堆积场的土地复垦

弃渣场土地复垦：弃矿石渣可用于附近开采坑回填的，将废矿石渣用于回填，无开采坑回填的，可将大石块机械破碎为25mm大小的块石，然后利用人工或推土机对废渣场进行平整，在平整的基础上覆土，覆土厚0.3~0.5m。

表土堆积区则应避免机械设备碾压，防止土壤板结，使其具有较好的保水性。由于废渣场及表土堆积场地势差别较大，平整过程中，为减少工作量做到小平大不平的要求即可。整地应符合林业复垦要求，纵向坡度控制在10°~15°，配置相应的截水沟与排水沟，渣、土场外缘根据实际情况可修一定高度的挡土墙，以防止水土流失。

5.7.7 磷矿开采废弃地各恢复植被群落的物种配置方案

磷矿区的生态恢复，在土地复垦的前提下，原来是农民耕地的还给农民继续使用，原来是公有林地的则做植被恢复。根据磷矿区现状植物群落样方调查结果

表明：磷矿区现有的云南松林、华山松林、竹林、元江栲林、滇油杉林、旱冬瓜林均乔灌草分层明显，物种多样性丰富，生长旺盛、系统稳定，对区域生态环境的保护和维持具有重要的作用。同时云南松林、华山松林、竹林、华山松-旱冬瓜林混交林具较强水土保持效果。因此在磷矿废弃地的生态恢复中，应在土地复垦的基础上，选用矿区废弃地周边残留的植被群落类型来做人工恢复，既能防治开采区的水土流失，修复受损的生态系统，也能使修复后的系统和区域环境保持协调和完整。

东大河小流域磷矿开采区因零星保留有地带性原生植被元江栲林，因此各废弃地和现采区的恢复植被，首先应选择废弃地周边保留完好且面积较大的森林群落做恢复。其次如果废弃地周边存在元江栲林的，为充分利用原生林的种质资源，扩大原生植被覆盖面积，则应适当选择元江栲群落做恢复。最后考虑到废弃地周边村民的经济利益，也可在地势低凹水分充足的地段恢复东大河小流域分布较广泛的竹林群落，以兼顾农民的经济收入。

帽天山磷矿区是澄江县磷矿开发较早的小区域，是磷化工企业所在地，同时也是帽天山国家地质公园所在地。2004 年对帽天山周边磷矿采点实施全面禁采以前，开采规模较大，矿山地质环境破坏较为严重，废弃地斑块平均面积 $10.98hm^2$，合计面积是东大河小流域的 10 余倍。各废弃地和矿渣的植被恢复，首先同样应选择废弃地周边保留完好，且面积较大的森林群落做恢复。其次在恢复面积较大的废弃地时，可在恢复林带的边沿带上配置一些具美化效果和经济价值的竹林、桉树、圣诞树、核桃和其他经济果木，既提高帽天山的景观多样性，也可兼顾当地农民的经济收入。

同时考虑到现状植被群落调查样方中存在度等于或大于 4 的一些灌木和草本植物，因不易人工繁殖或难以购置，或属于自然演替中会自动进入人工恢复群落中的本地杂草，在物种配置中就不再考虑。而应选用在研究区半湿润常绿阔叶林森林气候条件下，能适应酸性及石灰性土壤，萌生性强、根系发达、生长旺盛、有较强保水性、易栽易管的其他适应范围广的乡土物种来替代。

具体物种配置方案在矿区土地复垦后分四个地段来施行。在开采陡坎区沿等高线带状整地，选用抚仙湖流域广泛采用的耐贫瘠、干旱、萌生性强、护坡，护土效果良好、生长迅速的藤、草植物做恢复，如地石榴（Ficus ticoua）、葛藤（Pueraria lobata），这样既可达到对边坡裸岩的快速覆绿，体现还原生态景观的效果；也可起到降低坡高，加强边坡岩体稳定性的作用。在开采斜坡区沿等高线带状整地，用待恢复植被群落内的优势灌木和研究区适应性强、覆地蔓延迅速、生物量高的多年生草本滇蔗茅（Erianthus rockii Keng）和狗牙根（Cynodon dactylon）做恢复。在开采平台区、削坡平台区和表土堆积区，按“品”字形整地，用待恢复植被群落内的乔、灌物种做恢复，草本植物则让其自然恢复进入。

同时在待恢复地段附近找出小片水肥条件较好的区域做补植区，栽种待恢复群落乔木优势种和成活率高、具经济价值、美化效果的 2~3 类灌木做死苗的后备补充。这样，通过营造针阔混交林和乔灌草藤复层林，来改善和恢复矿区退化的生态环境。

5.7.7.1　云南松林物种配置

云南松林主要是原生植被破坏后的次生林，适应干湿季分明的气候，是西南季风区的一个代表树种，深根性、适应能力强，较多分布于滇中海拔 2000m 以下山地，具有较宽的生态适应幅，是滇中北部地区常见且十分重要的植被类型。云南松群落分层明显，灌木层和草本层的植物种类较多，多为耐干旱的种类。云南松林与该区域的常绿阔叶林存在较为密切的动态关系，其最终发展趋势将被常绿阔叶林所代替。选用云南松群落做磷矿开采废弃地的植被恢复，乔木除选用云南松外，还配置半湿润常绿阔叶林的常见树种黄毛青冈，及生长迅速、根系发达、适应能力强的旱冬瓜。灌木选用云南松群落灌木层的优势种波叶山蚂蟥、矮杨梅和云南含笑。藤本则配置萌生性，根系发达，耐贫耐旱，用种子即可繁殖的地石榴、葛藤，草本配置滇蔗茅和狗牙根。物种配置见表 5-6。

表 5-6　云南松群落物种配置

位置	乔木	灌木	藤、草
开采陡坎区			地石榴、葛藤
开采斜坡区		波叶山蚂蟥、矮杨梅、云南含笑	滇蔗茅、狗牙根
废弃采矿平台区 表土堆积区	云南松、黄毛青冈、旱冬瓜	波叶山蚂蟥、矮杨梅、云南含笑	自然恢复
补植区	云南松、旱冬瓜	波叶山蚂蟥、火棘	

5.7.7.2　华山松物种配置

华山松高大挺拔、针叶苍翠、冠形优美、生长迅速，是优良的庭院绿化树种，也是高山风景区之优良风景林树种。华山松林主要分布于滇中海拔 2000m 以上的区域，是面积最大的一类植被群落。华山松群落作为研究区典型的一类次生植被，乔、灌、草三层中出现大量原生性的物种，如滇石栎、旱冬瓜、小白花杜鹃、厚皮香和臭荚迷、乌饭花、南烛、酢浆草和凤尾蕨等，说明只要给予足够时间的封山育林和其他的抚育措施，有向原生植被演替的趋势。选用华山松群落做磷矿开采废弃地的植被恢复时，乔木选用华山松、滇石栎和旱冬瓜，灌木选用小白花杜鹃、厚皮香等，藤草和云南松选用的物种相同。其物种配置见表 5-7。

表 5-7　华山松群落物种配置

位置	乔木	灌木	草、藤
开采陡坎区			地石榴、葛藤
开采斜坡区		厚皮香、云南含笑	滇蔗茅、狗牙根
废弃采矿平台区表土堆积区	华山松、滇石栎、旱冬瓜	厚皮香、云南含笑	自然恢复
补植区	华山松、旱冬瓜	常绿蔷薇	

5.7.7.3　滇油杉林物种配置

滇油杉除了作为云南松林的一个重要成分外，在大多数情况下常与其他常绿的乔灌木混交，分布远不如云南松那样普遍而广泛，但却属生态适应幅较宽的典型植被。滇油杉林群落外貌翠绿而比较整齐，属于具有园林美化效果的生态林，其林内物种丰富、生长良好，是和当地气候长期协同进化的结果。选用滇油杉群落做磷矿开采废弃地的植被恢复时，乔木树种选用滇油杉、高山栲、滇石砾和云南松，灌木选用厚皮香和常绿蔷薇，藤草配置物种与云南松群落的相同。其物种配置见表 5-8。

表 5-8　滇油杉群落物种配置

位置	乔木	灌木	草、藤
开采陡坎区			地石榴、葛根
开采斜坡区		厚皮香、常绿蔷薇	滇蔗茅、狗牙根
废弃采矿平台区表土堆积区	滇油杉、高山栲、滇石栎、云南松	厚皮香、常绿蔷薇	自然恢复
补植区	滇油杉、云南松	常绿蔷薇、火棘	

5.7.7.4　元江栲林物种配置

元江栲林是研究区半湿润常绿阔叶林的主要群系类型，生长于云南大部分地区，尤以滇中地区分布最普遍，是重要的水源涵养林之一，是该地区原生植被的代表。元江栲是群落的建群种，对维持群落的稳定起着非常重要的作用。用亚热带地区常绿阔叶林的优势和建群树种直接参与植被恢复可以缩短群落的形成和演替时间，已经成为现代生态建设的重要目标，同时也是关键的技术举措，现在已经作为乡土树种进行荒山绿化的重要内容。因此，可以在水肥条件较好的磷矿废弃地上直接栽种元江栲及耐贫瘠且适应性强的黄连木、清香木等乔木幼苗，同时选配当地生长和繁育比较方便的火棘、常绿蔷薇等灌木树种，及地石榴、葛藤、

狗牙根等藤本植物，培植以元江栲为建群种的植被群落，以保证恢复植被较高的物种和群落覆盖度。其物种配置见表5-9。

表5-9 元江栲群落物种配置

位置	乔木	灌木	草、藤
开采陡坎区			地石榴、葛藤
开采斜坡区		厚皮香、火棘、常绿蔷薇	滇蔗茅、狗牙根
废弃采矿平台区表土堆积区	元江栲、滇石栎、滇青冈、黄连木、清香木	厚皮香、火棘、常绿蔷薇	自然恢复
补植区	元江栲、清香木	火棘、常绿蔷薇	

5.7.7.5 竹林物种配置

竹林是当地群众喜爱的经济作物，易栽易管，具较高经济价值，同时在水源涵养、提高土壤抗蚀性和土壤营养成分含量方面效果较优。但竹林生长需要较好的水分条件，只适宜在水分条件较好的山坳种植，而在水分条件较差的山坡上则不易成活。因此磷矿开采形成的低洼积水地带可选竹林做植被恢复。竹林更多是作为经济林和风景林而栽培，生长迅速且繁殖较旺盛，但由于受到较多人为干扰，物种多样性低。因此，为了提高人工竹林群落的物种丰富性和稳定性，保证竹子被季节性砍伐后群落结构不被破坏，可在林内适当的配置火棘、常绿蔷薇这些适应性较强的灌木，配置的藤草物种与上方各恢复群落相同。具体物种配置方案见表5-10。

表5-10 竹林群落物种配置

位置	乔木	灌木	草、藤
开采陡坎区			地石榴、葛根
开采斜坡区		火棘、常绿蔷薇	滇蔗茅、狗牙根
废弃采矿积水区	美竹、慈竹	火棘、常绿蔷薇	自然恢复
补植区	美竹	火棘、常绿蔷薇	

5.7.7.6 旱冬瓜林物种配置

旱冬瓜林是中亚热带西部常绿阔叶林地区的干湿交替气候条件下，在温暖湿润环境中出现的次生林，具较宽生态幅，具有较强的自然恢复能力。旱冬瓜根部具瘤，有固氮作用，对废弃地土壤有较好改良作用。由于旱冬瓜的种子轻，借助风的传播迅速，易于萌发，在废弃的磷矿废弃地能较快形成群落。根据样地调查结果，在磷矿剥离表土堆积区旱冬瓜和草本植物的侵入几乎是同时发生的，只要周围存在旱冬瓜母株，在无人为干扰破坏的情况下 3~5 年左右便可自然恢复成旱冬瓜幼林，群落覆盖度可达 50%~70%。旱冬瓜林群落各层的物种组成均为喜阳耐旱、耐贫瘠的先锋植物，因此旱冬瓜林是该区域重要的速生、优质、丰产林，在磷矿废弃地上营造水土保持防护林时可以直接选用旱冬瓜林。参照调查样地的物种组成，选用旱冬瓜群落作磷矿废弃地的恢复时，乔木选用旱冬瓜、云南松、华山松，灌木选用在撂荒地、废弃地上强适应性，能快速生长的马桑、火棘，特别是具根瘤的马桑，对土壤的改良和熟化及创造区域小环境，为其他树种的定居和生长提供条件。因旱冬瓜群落内旱冬瓜和草本的入侵和定居是同时发生的，就没有必要做草本的人工恢复，但为了提高物种多样性可在采伐陡坎区适当的配置广谱性强的地石榴等藤本。具体物种配置见表 5-11。

表 5-11　旱冬瓜群落物种配置

位置	乔木	灌木	藤本
开采陡坎区			地石榴、葛藤
开采斜坡区	旱冬瓜	马桑、火棘	狗牙根
废弃采矿平台区、表土堆积区	旱冬瓜、华山松、云南松	马桑、火棘	自然恢复
补植区	旱冬瓜	马桑	

5.7.7.7　灌草丛群落物种配置

灌草丛是裸地向灌木林地演替的次生植被类型，对防止水土流失起到一定的作用。磷矿开采场和尾矿石堆积场由于土壤理化性状被破坏，土层中石块多空隙大，土壤贫瘠且水土流失量大，自然恢复需要较长的时间，人工恢复森林植被成活率较低，因此在无条件做土地复垦的废弃地和采伐陡坎区上做灌草丛群落的人工恢复，可在短期内提高地表的植被覆盖率，实现对裸露地的水土截留，为进一步森林植被的恢复创造条件。但灌草丛的土壤抗侵蚀性仍然很差，水土流失情况仍然严重，恢复后应进一步加强封育管理，待土壤水肥状况改善后，尽快增植其他乔灌树种，以增加地表抗侵蚀性。

依据研究区磷矿废弃地植物群落自然发展和演替规律，用灌草丛做植被恢复时，应以废弃 3 年后开始出现的多年生草本滇蔗茅和半灌木状的波叶山蚂蟥作优势种，同时加入耐寒、耐旱、耐热、不耐阴，适应性强的其他多年生藤草做恢复。这样可以有效提高地表的植被覆盖度，对矿山废弃地的水土保持和进一步植被恢复有重要意义。具体物种配置见表 5-12。

表 5-12 灌草丛群落物种配置

位置	灌 木	藤、草
采伐陡坎区		地石榴、葛根
采伐斜坡区	波叶山蚂蟥、马桑、火棘	滇蔗茅、狗牙根
补植区	波叶山蚂蟥、火棘	

5.7.8 造林技术

磷矿开采废弃地作为极度退化的生态系统，其在水土保持生态林营造过程中，造林密度、整地方式、造林季节、抚育方式等直接或间接影响着幼林的郁闭及林木的生长与分化，决定着植被恢复是否成功，因此造林设计是否合理和林种的选择、树种的配置同等重要。

整地方式和造林密度：由于磷矿区土壤以松散、贫瘠的矿渣、废石为主，依造林技术规范，造林密度应适当加大。对废弃采矿平台区、削坡平台区和表土堆积区采取穴状整地，开挖种植坑种植待恢复群落的乔灌树种，每穴平面呈正方形，三行一“品”形错开排列，造林密度 2500 株/hm^2，乔木种植坑规格为 0.5m×0.5m×0.5m，灌木种植坑规格为 0.3m×0.3m×0.3m，株行距 2m×2m，且在乔灌树种之间散播选用的草种。开采斜坡区沿等高线开挖种植坑种植待恢复群落的灌木树种，造林密度 3333 株/hm^2，灌木种植坑规格为 0.3m×0.3m×0.3m，株行距 1.5m×2m，且在灌木树种之间散播选用的草种。开采陡坎区沿等高线开挖种植坑种植待恢复群落的藤本植物，下坡位种植攀岩藤蔓植物爬山虎，上坡位种植悬垂藤蔓植物葛藤和地石榴，株行距 1m×1m。

苗木规格：两年生营养袋苗。苗高 50~100cm，地径 0.5~2.0cm，冠幅 30cm 以上。

整地时间：雨季前（4、5 月）。

造林季节：雨季（6、7 月）。

幼林抚育：造林后 3~5 年内对幼林进行抚育。包括除恶性杂草、松土、施肥、浇水、病虫害防治等。

种苗供应：根据就近、就地育苗的原则，负责植被恢复的点位可向澄江县苗圃基地购买。

森林植被具有维持生物多样性、保持水土、净化空气等多项生态服务功能，是生态建设的重要目标，同时也可产生较好的经济和社会效益，成为矿山生态恢复和重建的核心。对矿山开采废弃地这类退化生态系统，通过选择适宜的物种按“乔灌草藤”立体间种的物种搭配方式来做植被恢复，既有利于各物种能充分利用光、热、水、土壤等资源取得多物种的共存，提高物种多样性；又可因复层群落结构的人工构建而提高群落的稳定性，促进林木生长，保证造林质量，尽早发

挥恢复植被的生态效应。废弃地植被恢复后应合理运用各种林木经营管理等措施，保证苗木的成活率，快速增加裸露废弃地的植被覆盖率，尽早发挥恢复植被保持水土、培肥地力、改善废弃地小气候等生态效应，以阻断或截留废弃地地表废水对抚仙湖的污染，为地方的经济发展和社会进步做贡献。

抚仙湖磷矿开采区引发的水土流失在整个抚仙湖流域是最严重，也是对抚仙湖水质带来严重威胁的一个区域。东大河小流域和代村河小流域磷矿开采区废弃地的植被恢复是抚仙湖流域综合治理的重点之一，其研究结果也可作为整个抚仙湖流域乃至云南省亚热带高原季风气候条件下高原面山的植被恢复提供参考。

5.8 抚仙湖湖滨带修复

抚仙湖湖面高 1722.5m 时，湖岸线总长约 100.8km，湖滨带总面积 12386 亩，具有湖岸较陡、湖滨缓冲带较窄的特点。据调查，抚仙湖 20 世纪 50 年代分布有自然的湖滨湿地，主要分布区域南岸、北岸湖滩地，东岸、西岸湖湾滩地。后来由于人类活动的影响，尤其是 20 世纪 80 年代及 90 年代初期，湖滨缓冲带基本被破坏，仅有些岸段残留很少自然湿地。在法定最高水位 1722.0m 以下，有 1542 亩湖滩被侵占，农药、化肥、饲料和渔药等大量使用，导致了近岸水体污染严重，严重破坏了缓冲带的生态系统及自然景观，生态系统退化，生态机能基本丧失，失去了应有的湖泊最后一道保护屏障的生态功能，难以发挥拦截、过滤污染物的作用。

1995~2010 年期间，为重建湖泊生态系统保护屏障，玉溪市启动了修复湖滨湿地工程。抚仙湖恢复湿地及湖滨带建设共 1084 亩，共有 14 处人工湿地，河口人工湿地 8 处、人工恢复湖滨带 6 处，共恢复园林及景区约 1200 亩。

其中，江川县抚仙湖火焰山湖滨带生态治理技术试验示范工程于 2002 年 3 月开工，2002 年 4 月竣工，总投资 193.31 万元，工程区总面积 280.4 亩，其水质净化机理是利用湿生植物、挺水植物、浮叶植物、沉水植物，对区域面源废水进行吸附、吸收、沉降以及生物降解，达到削减入湖污染负荷，保护和改善抚仙湖水质的目的。该工程年拦截净化区间径流污水 40.8 万立方米，出水水质达到《地表水环境质量标准》（GB 3838—2002）Ⅲ类，主要污染物年去除 SS 11.81t、TN 0.25t、TP 0.06t，植物群落的垂直结构和水平结构得到丰富和发展，为湖滨带生态恢复提供了经验。

2008 年，牛摩湖滨带工程由玉溪市抚仙湖管理局以招投标竞争谈判的形式进行招投标。项目按照招投标规划要求对项目工地进行了植物总体配置；建成天然湖滨生态养护区、自然湖滨带生态修复区、生态隔离区、景观生态建设区四大功能区。

2011~2013 年度抚仙湖湖滨、河滨缓冲带增加面积 9701.07 亩，其中：抚仙

湖一级保护区退田、退房还湖建设湖滨缓冲带工程 9056.4 亩（抚仙湖湖滨缓冲带工程 8400 亩、华宁东岸退田还湖建设湖滨缓冲带工程 656.4 亩），东大河、大鲫鱼河、马料河、牛摩河等流域污染治理河滨缓冲带建设 644.67 亩。

截至 2015 年 12 月，抚仙湖湖滨缓冲带与河滨缓冲带累计增加面积实际为 9346.45 亩，湿地累计恢复面积实际为 513.19 亩，使流域湖滨自然岸线率提高到 82%，初步构建抚仙湖环湖 100km 长、宽窄不等的乔-灌-草复合系统，占抚仙湖缓冲带总面积的 25.5%。

抚仙湖缓冲带的边界原则上以抚仙湖一级保护区的陆域范围为基准，即抚仙湖最高蓄水位 1722.5m 沿地表向外水平延伸 100m 的范围。抚仙湖湖岸线总长约 100.8km（对应湖面高程 1722.5m），缓冲带总面积约 822.4hm^2，地跨澄江、江川、华宁三县，抚仙湖缓冲带沿湖分布，宽窄不一。

参 考 文 献

[1] 祁永新 . 可持续小流域管理评价指标体系研究 [D]. 西安理工大学，2009，9：11-12.
[2] 张树华 . 北京市生态清洁小流域综合治理研究 [D]. 北京林业大学，2007. 5：1. 4.
[3] 李仁辉，潘秀清，金家双 . 国内外小流域治理研究现状 [J]. 水土保持应用技术，2010（3）：32-34.
[4] 王礼先 . 小流域综合治理的概念与原则 [J]. 中国水土保持，2006，2：16-17.
[5] 梁大勇 . 北京密云东田各庄生态清洁小流域规划设计 [D]. 北京林业大学，2016. 6：7.
[6] 赵爱军 . 小流域综合治理模式研究 [D]. 华中农业大学 . 2005：10-59.
[7] 水利部公布全国第二次水土流失遥感普查结果，水土保持科技情报，2002. 2，: 48.
[8] 刘震 . 谈谈全国水土保持情况普查及成果运用 [J]. 中国水土保持，2013，10.
[9] 腾芸，黄海 . 林业建设与水土保持可持续发展策略 [J]. 四川林勘设计，2017（3）：67-70.
[10]《中国统计年鉴 》2005-2013 年度供水用水情况，中华人民共和国国家统计局编，中国统计出版社，2014.
[11] 国家农业节水纲要（2012-2020 年 ）. 中华人民共和国农业部，水利部联合编写 . 国务院办公厅印发，2012.
[12] 张利平 ，夏军，胡志芳 . 中国水资源状况与水资源安全问题分析 [J]. 长江流域资源与环境，2009，18（2）：116-120.
[13] 王俊燕 . 流域管理中社区和农户参与机制研究 [D]. 中国农业大学，2017：1.
[14] 陈希豪 . 小流域生态综合治理技术及其在柯城区的应用研究 [D]. 浙江大学，2016. 11：1-5.
[15] 程晓冰 . 水资源保护概况 [J]. 水资源保护，2004，（04）：8-12.
[16] 王锐 . 中国水土流失基础研究的机遇与挑战 [J] 自然杂志 . 2008（1）：6-7.
[17] 刘震 . 中国水土保持小流域综合治理的回顾与展望 [J]. 水土保持信息传真 2005（3）：1-8.
[18] 杜辉，尤代强 . 关于小流域综合治理创新途径的思考 [J]. 中国水土保持，2018 年第 1 期：5-6.
[19] 张洪江，张长印，赵永军，等 . 我国小流域综合治理面临的问题与对策 [J]. 中国水土保持科学，2016，14（1）：131-137.
[20] 齐实，李月. 小流域综合治理的国内外进展综述与思考 [J]. 北京 林业大学学报，2017，39（8）：1-8.
[21] 王越 . 我国水土保持的历史沿革与发展对策 [J]. 中国水土保持，2011. 11：5-7.
[22] 李仁辉，潘秀清，金家双 . 国内外小流域治理研究现状 [J]. 水土保持应用技术，2010（3）：32-34.
[23] 朱雷，刘琴，周思迪 . 小流域河流综合治理的研究 [J]. 环境科学与管理，2009，34（5）：135-137.
[24] 张崇庆，陈建华，何丙辉 . 国内外小流域综合治理模式简介 [C]. 中国水土保持探索与实践，2005：290-294.

[25] 任伟．城市人工河道生态水系景观规划设计研究［D］．河南：河南农业大学，2013：29-44.

[26] 陈希豪．小流域生态综合治理技术及其在柯城区的应用研究［D］．浙江大学，2016.11：1-5.

[27] 祁永新．可持续小流域管理评价指标体系研究［D］．西安理工大学，2009，9：11-12.

[28] 刘原．小流域综合治理研究［D］．西华大学，2014.5：1-3.

[29] 赵爱军．小流域综合治理模式研究［D］．华中农业大学．2005：10-59.

[30] 杨进怀，吴敬东，祁生林等．北京市生态清洁小流域建设技术措施研究［J］．中国水土保持科学，2007，5（4）：18-21.

[31] 李金伟，罗小阳，李江波．小流域山、水、林、路、园综合治理开发模式探索［J］．科技信息，2010，（08）：351-342.

[32] Bahrain Saghafian，Amin Reza Meghdadi，Somayeh Sima. Application of the WEPP model to determine sources of run-off and sediment in a forested watershed［J］. Hydrol. Process，2015，29（4）：1-8.

[33] 张荣．延庆县大东树生态清洁小流域综合治理措施研究分析［D］．北京林业大学，2016：7.

[34] 张小林．瑞典的水土保持经验及启示［J］．中国水土保持，2006（5）：18-20.

[35] 崔伟中．日本河流生态工程措施及其借鉴［J］．人民珠江，2003，24（5）：1-4. 陈婉．城市河道生态修复初探［D］．北京：北京林业大学，2008.

[36] 陈兴茹．国内外城市河流治理现状［J］．水利水电科技进展，2012，32（2）：83-88.

[37] 孙厚才，赵健．中外水土保持理念对比［J］．长江科学院院报，2008，25（3）：9-13.

[38] 包玉华．非公有制林业法律管理制度研究［D］．北京林业大学，2010：67.

[39] 肖斌，高甲荣，刘国强，等．国外流域管理机构与法规述评［J］．西北林学院学报，2000，15（3）：112-117.

[40] 崔伟中．日本河流生态工程措施及其借鉴［J］．人民珠江，2003，24（5）：1-4.

[41] 陈婉．城市河道生态修复初探［D］．北京：北京林业大学，2008.

[42] 庞子渊．三峡库区水环境保护法律问题研究［D］．重庆：重庆大学，2005.

[43] 刘东．亚洲几个国家的水土保持和小流域管理状况［D］．水土保持科技情报，2014（2）：28-29.

[44] 金永丽．流域发展计划——印度干旱半干旱地区农业发展的新战略［J］．世界农业，2005（3）：37-40.

[45] 李立新，严登华，郝彩莲，等．非洲水资源管理及其对我国的启示［J］.2012，33（4）：14-18.

[46] 钟明星，黄正建．谈小流域综合治理与可持续发展［C］．中国水土保持探索与实践——小流域可持续发展研讨会论文集：165-169.

[47] Ffolliott P F，Baker M B，Edminster C B，et al. Land stewardship through watershed management：perspectives for the 21st century［M］. Berlin：Springer，2002.

[48] Food and Agriculture Organization of the United Nations. The newgeneration of watershed management programmes and projects：are source book for practioners and local decision-makers

based on the findings and recommendations of an FAO review [M]. Roman: Food & Agriculture Organization of the United Nations (FAO), 2006.
[49] 王冬梅，张学培，赵云杰．小流域系统土地生产力综合评价 [J]. 北京林业大学学报，1999，21 (5)：51-56.
[50] 王礼先．国外小流域治理的历史现状及其发展趋势 [J]. 水土保持应用技术，1985 (3)：52-58.
[51] 高甲荣．近自然治理——以景观生态学为基础的荒溪治理工程 [J]. 北京林业大学学报，1999，21 (1)：80-85.
[52] 高甲荣．阿尔卑斯山区危险区区划 [J]. 山地研究，1998，16 (3)：252-256.
[53] 张小林．瑞典的水土保持经验及启示 [J]. 中国水土保持，2006 (5)：18-20.
[54] 崔伟中．日本河流生态工程措施及其借鉴 [J]. 人民珠江，2003，24 (5)：1-4.
[55] 郜文军．观坐岭小流域土地利用模式研究 [D]. 保定：河北农业大学，2008.
[56] 李新虎．山区小流域治理模式研究及决策支持系统构建 [D]. 重庆：西南农业大学，2003.
[57] 李瑞雪．三峡库区小流域治理模式和决策支持系统研究 [D]. 重庆：西南农业大学，2005.
[58] 刘信儒．国内外山区小流域综合治理概况 [C]. 中国水土保持探索与实践——小流域可持续发展研讨会论文集．北京：中国水土保持学会，2005：578-583.
[59] 祁生林．生态清洁小流域建设理论及实践——以北京市密云县为例 [D]. 北京：北京林业大学，2006.
[60] 汪洪清．冀山区小流域可持续开发治理模式研究 [J]. 北京林业大学学报 1998，20 (6)：83-86.
[61] 肖胜．试论日本的森林流域管理体系 [J]. 林业勘察设计，2007 (1)：106-110. 8.
[62] 赵爱军．小流域综合治理模式研究 [D]. 华中农业大学．2005：10-59.
[63] 刘震．中国水土保持小流域综合治理的回顾与展望 [J]. 水土保持信息传真，2005 (3)：1-8.
[64] 党小虎．小流域综合治理效果研究 [D]. 西北农林科技大学，2004：1-13.
[65] 张智民．关于小流域面积的初步探讨 [J]. 人民黄河，1994 (10)：29-32.
[66] 张悼．水土保持在防治水土流失中的作用 [J]. 现代农业科学，2009，17：180-183.
[67] 刘春元．我国赴美水土保持考察团回国简讯 [J]. 水土保持，1980 (1)：10.
[68] 水利部赴美水土保持考察团．美国水土保持考察 [J]. 中国水利，1981 (1)：39.
[69] 张展羽．美国的水土保持及小流域治理 [J]. 水利水电科技进展，1998，18 (5)：6.
[70] 刘春元，郭索彦．我国水土保持小流域治理的现状与特点 [J]. 中国水土保持，1988 (11)：22.
[71] 张新玉，杨元辉．我国水土保持小流域综合治理模式研究 [J]. 中国水利，2011 (12)：58.
[72] G. 纽曼．尼罗河流域开发新起点 [J]. 水利水电快报，2000，21 (12)：29.
[73] Dale Whittington, Xun Wu, Claudia Sadoff. Water resources management in the Nile basin: the economic value of cooperation [J]. Water Policy, 2005, (7): 227.

［74］张洪军，于洪军小流域综合治理与可持续发展，中国水土保持探索与实践北京：中国水利水电出版社，2005：161-164.

［75］雷升文．小流域综合治理成果的开发利用途径甘肃水利水电技术：2004（12）：387-388.

［76］鄂竟平．我国的水土流失与水土保持［R］．北京：中华人民共和国水利部，2006.

［77］朱高洪．水土保持对小流域可持续发展的贡献评估［J］．中国水土保持科学，2008（2）：67-71.

［78］李松梧．在小流域治理中开展生态补偿的思考［J］．中国水利，2007（2）：40-41.

［79］陈丽华，刘东，李源茂，等．山区小城镇建设可持续发展评价初探——以北京市门头沟区妙峰山镇为例［J］．中国水土保持科学 2003，1（3）：52，55.

［80］荣丽颖．国外流域环境管理实践及对中国的启示［J］．商业经济，2008（312），10：107-108.

［81］王文革．自然资源法——理论·实务·案例．北京：法律出版社，2015：62.

［82］钱翌，刘莹．中国流域环境管理体制研究［J］．生态经济，2010（220），1：161-165.

［83］黄锡生．社会主义新农村建设的环境法律问题研究．北京：法律出版社，2015：7.

［84］宋婷婷．流域环境管理体制研究［D］．重庆大学，2008，11：16-17.

［85］江涌．中央政府机构中的部门利益值得警惕［J］．廉政瞭望，2007（2）：22-23.

［86］马特．物权法前沿理论与实务研究［M］．北京：知识产权出版社，2014：10.

［87］王俊燕．流域管理中社区和农户参与机制研究．中国农业大学，2017. 5：63-64.

［88］张洪江，张长印，赵永军，等．我国小流域综合治理面临的问题与对策［J］．中国水土保持科学，2016，14（1）：131-137.

［89］戴矜君，张洪江，程金花．国外小流域管理经验分析与探讨［J］．南昌工程学院学报，2014，33（4）：101-105.

［90］李庆瑞．我国区域流域环境管理机构现状及改革思考［J］．中国机构改革与管理，2016，11：33-35.

［91］张颖．小流域综合治理体系下政府与公众协同机制研究——以厦门市集美区许溪小流域为例［D］．厦门大学，2017，4.

［92］杜辉，尤代强．关于小流域综合治理创新途径的思考［J］．中国水土保持，2018 年第 1 期：5-6.

［93］赵学娇，董敏，徐会勇，等．美国农业化肥非点源污染治理对中国的启示［J］．世界农业，2018（3）：37-42.

［94］纪晓亮．长乐江流域非点源氮污染定量溯源与控制模拟［D］．浙江大学，2018.

［95］陈学凯，刘晓波，彭文启，等．程海流域非点源污染负荷估算及其控制对策［J］．环境科学，2018，39（1）：77-88.

［96］张林田，贾朝晖．保护性耕作技术创新与对比试验研究［J］．农业开发与装备，2018（6）：118-120.

［97］沈彦俊，胡春胜，张喜英，等．生态学长期研究促进资源高效利用和区域农业可持续发展［J］．中国科学院院刊，2018，33（6）：648-655.

［98］李社潮．美国的条带耕作与条耕机［J］．农业机械，2018（6）：47-48.

[99] 王延春．发展保护性耕作技术促进改善呼伦贝尔市生态环境［J］．农业机械，2018（6）：76-77.

[100] 仲军，徐天文，王斌，等．连云港市丘陵山区生态清洁小流域治理模式浅析——以赣榆区龟山生态清洁小流域综合治理为例［J］．中国水利，2018（6）：43-44.

[101] 吴丹．农业非点源污染控制政策设计的实验研究［D］．浙江大学，2017.

[102] 杨华明，李建文．冶金矿山生态修复技术的进展［J］．鞍钢技术，2017（6）：1-7.

[103] 毛红梅，税永红，周添，等．富营养化水体原位生态修复技术研究进展［J］．成都纺织高等专科学校学报，2017，34（4）：156-159.

[104] 谢计平．矿山废弃地分析及生态环境修复技术研究进展［J］．环境保护与循环经济，2017，37（6）：41-45.

[105] 王志强，崔爱花，缪建群，等．淡水湖泊生态系统退化驱动因子及修复技术研究进展［J］．生态学报，2017，37（18）：6253-6264.

[106] 王斌．互联网+时代下小流域综合治理新模式探析——以梁子山小流域为例［J］．贵州科学，2017，35（1）：29-33.

[107] 郭军玲，王永亮，郭彩霞，等．基于 GIS 和测土配方数据的晋北县域春玉米专用肥配方筛选［J］．农业工程学报，2016，32（7）：158-164.

[108] 侯红乾，黄永兰，冀建华，等．缓/控释肥对双季稻产量和氮素利用率的影响［J］．中国水稻科学，2016，30（4）：389-396.

[109] 张卫红，李玉娥，秦晓波，等．应用生命周期法评价我国测土配方施肥项目减排效果［J］．农业环境科学学报，2015，34（7）：1422-1428.

[110] 李莎莎，朱一鸣，马骥．农户对测土配方施肥技术认知差异及影响因素分析——基于 11 个粮食主产省 2172 户农户的调查［J］．统计与信息论坛，2015，30（7）：94-100.

[111] 邢晓鸣，李小春，丁艳锋，等．缓控释肥组配对机插常规粳稻群体物质生产和产量的影响［J］．中国农业科学，2015，48（24）：4892-4902.

[112] 熊海蓉，文卓琼，熊远福，等．3 种水稻缓/控释肥一次性施用效果比较［J］．中国农学通报，2015，31（33）：1-5.

[113] 赵营，赵天成，王世荣．缓/控释肥在土壤中的氮素释放特征及其对春玉米氮吸收的影响［J］．中国农学通报，2015，31（17）：163-168.

[114] 高璐阳，王怀利，王晓飞，等．我国发展缓控释肥的意义及前景［J］．磷肥与复肥，2015，30（4）：14-17.

[115] 梁少华，车刚．保护性耕作的意义及国内外发展趋势［J］．现代化农业，2015（1）：55-57.

[116] 杨玉东．河岸带生态修复技术研究进展［J］．环境保护与循环经济，2015，35（1）：55-57.

[117] 张超．美丽厦门建设背景下后房溪滨海小流域综合治理模式探究［D］．国家海洋局第三海洋研究所，2015.

[118] 柴育红，陈亚慧，夏训峰，等．测土配方施肥项目生命周期环境效益评价—以聊城市玉米为例［J］．植物营养与肥料学报，2014，20（1）：229-236.

[119] 关春曼，张桂荣，赵波，等．城市河流生态修复研究进展与护岸新技术［J］．人民黄

河，2014，36（10）：77-80.

[220] 陈见影. 陕西渭北旱塬秦庄沟流域综合治理模式研究 [D]. 陕西师范大学，2014.

[221] 钱卫飞，徐巡军，钱卫东，等. 不同土壤类型水稻测土配方施肥对肥料利用率的影响 [J]. 江苏农业科学，2013，41（1）：83-85.

[222] 文建平. 测土配方施肥对水稻经济性状、产量及经济效益的影响 [J]. 江西农业学报，2013，25（1）：52-54.

[223] 姜雯，张倩，张洪生. 不同种植密度下缓/控释肥施肥量对夏玉米氮利用和籽粒产量影响 [J]. 中国农学通报，2013，29（27）：111-115.

[224] 王玉倩. 我国缓控释肥行业现状分析 [J]. 化学工业，2013，31（6）：34-36.

[225] 葛继红，周曙东. 环境友好型技术对水稻种植技术效率的影响——以测土配方施肥技术为例 [J]. 南京农业大学学报（社会科学版），2012，12（2）：52-57.

[226] 徐培智，解开治，刘光荣，等. 冷浸田测土配方施肥技术对水稻产量及施肥效应的影响 [J]. 广东农业科学，2012，39（22）：70-73.

[227] 何永秋，刘国顺，高传奇，等. 缓/控释肥在烟草上的应用与展望 [J]. 中国农学通报，2012，28（28）：109-113.

[228] 王德光. 基于系统理论的小流域喀斯特石漠化治理模式研究 [D]. 福建师范大学，2012.

[229] 戢林，张锡洲，李廷轩. 基于"3414"试验的川中丘陵区水稻测土配方施肥指标体系构建 [J]. 中国农业科学，2011，44（1）：84-92.

[230] 孙艳红. 延庆县小流域综合治理模式及效益评价研究 [D]. 北京林业大学，2011.

[231] 张德奇，季书勤，王汉芳，等. 缓/控释肥的研究应用现状及展望 [J]. 耕作与栽培，2010（3）：46-48.

[232] 解玉洪，李曰鹏. 国外缓控释肥产业化研究进展与前景 [J]. 磷肥与复肥，2009，24（4）：87-89.

[233] 周晓舟，唐创业. 免耕抛栽水稻测土配方施肥效果分析 [J]. 作物杂志，2008（4）：46-49.

[234] 王雪. 京郊山区农村环境综合整治模式研究 [D]. 北京林业大学，2008.

[235] 李文训. 山东省小流域综合治理模式研究 [D]. 山东师范大学，2008.

[236] 汪强，李双凌，韩燕来，等. 缓/控释肥对小麦增产与提高氮肥利用率的效果研究 [J]. 土壤通报，2007（4）：693-696.

[237] 党维勤. 黄土高原小流域可持续综合治理探讨 [J]. 中国水土保持科学，2007（4）：85-89.

[238] 党维勤. 可持续发展战略指导下的小流域综合治理 [C]. 中国水土保持探索与实践——小流域可持续发展研讨会，中国北京，2005.

[239] 张崇庆. 国内外小流域综合治理模式简介 [C]. 中国水土保持探索与实践——小流域可持续发展研讨会，中国北京，2005.

[240] 李瑞雪. 三峡库区小流域治理模式和决策支持系统研究 [D]. 西南农业大学，2005.

[241] 黄思光. 区域环境治理评价的理论与方法研究 [D]. 西北农林科技大学，2005.

[242] 赵爱军. 小流域综合治理模式研究 [D]. 华中农业大学，2005.

[243] 段文标，陈立新，余新晓．北京山区蒲洼小流域综合治理可持续发展评价与分析［J］．中国水土保持科学，2004（4）：53-57.

[244] 王海英，刘桂环，董锁成．黄土高原丘陵沟壑区小流域生态环境综合治理开发模式研究——以甘肃省定西地区九华沟流域为例［J］．自然资源学报，2004（2）：207-216.

[245] 胡春胜，陈素英，董文旭．华北平原缺水区保护性耕作技术［J］．中国生态农业学报，2018：1-9.

[246] 王倩，李军，宁芳等．渭北旱作麦田长期保护性耕作土壤肥力特征综合评价［J］．应用生态学报，2018：1-14.

[247] 丁晋利，魏红义，杨永辉，等．保护性耕作对农田土壤水分和冬小麦产量的影响［J］．应用生态学报，2018：1-13.

[248] 熊瑛，王龙昌，赵琳璐，等．保护性耕作下蚕豆/玉米/甘薯三熟制农田土壤呼吸、碳平衡及经济-环境效益特征［J］．中国生态农业学报，2018：1-10.

[249] 位振亚，罗仙平，梁健，等．南方稀土矿山废弃地生态修复技术进展［J］．有色金属科学与工程，2018：1-7.

[250] 云南省抚仙湖保护志．玉溪市抚仙湖管理局编，2017，1：21-48.

[251] 澄江县史志办公室．澄江年鉴［M］．芒市：德宏民族出版社，2015.

[252] 云南城市规划建筑设计院（集团）有限公司．抚仙湖流域禁止开发控制区规划修编（2013~2020）［R］．玉溪市人民政府，2013. 10：21-36.

[253] 上海市城市建设设计院中交上海航道勘察设计院有限公司．抚仙湖东大河流域主要河流水污染治理与清水产流机制修复工程可行性研究报告［R］. 2011，5：75-111.

[254] 朱宝玉，刘洋，林武．生态砾石床在低污染水体治理中的应用研究［J］．安徽农业科学，2012，40（11）：6746，6750.

[255] 赵敏慧，杨中宝，杨礼攀，等．抚仙湖流域磷矿开采区林种配置与空间布局研究报告［R］．云南省科技厅，2011. 1：3-4，6-7，13-14，51-54，61-66.